问题是成长的阶梯

WENTI SHI CHENGZHANG DE JIETI

薛兆平　王仕香　著

山西出版传媒集团　山西教育出版社

图书在版编目（CIP）数据

问题是成长的阶梯 / 薛兆平，王仕香著. —太原：山西教育出版社，2013. 5
（成长快乐丛书）
ISBN 978-7-5440-5939-8

Ⅰ. ①问… Ⅱ. ①薛… ②王… Ⅲ. ①成功心理－通俗读物
Ⅳ. ①B848.4-49

中国版本图书馆 CIP 数据核字（2013）第 077374 号

问题是成长的阶梯
WENTI SHI CHENGZHANG DE JIETI

责任编辑 潘 峰
复　　审 郭志强
终　　审 张沛泓
装帧设计 薛 菲
助理设计 陈 晓
印装监制 贾永胜

出版发行 山西出版传媒集团 · 山西教育出版社
(太原市水西门街馒头巷7号 电话:0351-4035711 邮编:030002)
印　　装 晋中市万嘉兴印刷有限公司
开　　本 787×960 1/16
印　　张 13.75
字　　数 200千字
版　　次 2013年5月第 1 版 2013年5月山西第 1 次印刷
印　　数 1-10000册
书　　号 ISBN 978-7-5440-5939-8
定　　价 29.80元

目录

第一章 成长的路上没谁不摔跟头

经历三次高考的俞敏洪 3
挫折是对意志的磨砺 6
布满荆棘的路上开满鲜花 10
把每个问题都看做是机会 14
经历是人生最大的财富 18

第二章 学习是最大问题，攻克堡垒有妙招

如果作业没做好 23
考砸了到底要怎么办 27
可恶的老师，又让请家长了 30
找不到目标，好迷茫 33
什么样的学习方法才是最好的 37
我就是没兴趣，如何是好 41
记不住该死的单词，记不住可恶的公式 45
没有效率，那么多东西啥时候能学会 49
优秀孩子都熟悉的 5 大妙招 52
尖子生的 8 大看家本领 55

第三章 人际关系不复杂，人见人爱有技巧

老师，我不是不喜欢你 61

好朋友也有让人不爽的时候 65

和同学的关系不好，很孤独 68

日记被老妈偷看了怎么办 71

无法和爸爸妈妈交流的苦恼 75

人见人爱不是不可能的事 78

学会交际的艺术，为人生增添光彩 82

第四章 解读身体密码，小秘密全知道

床单上的“地图” 87

小裤裤上的“红玫瑰” 90

好不适应的“毛毛” 94

“性幻想”“性困惑”不是见不得人的事 98

青春的身体是含苞的花蕾 102

爸爸说给青春期儿子的秘密话 106

妈妈说给青春期女儿的悄悄话 110

第五章 解除情感困扰，青春神采飞扬

偷偷喜欢他 117
我可以和你约会吗 121
如何度过“异性好感期” 125
早恋是一朵带刺的玫瑰 129
爱不仅仅是一个字 133
学会爱，才能更高地飞翔 137

第六章 做情绪的主人，做快乐的自己

郁闷为啥总是来造访 143
好孤独，谁来理解我 147
脾气变得越来越暴躁了 151
冲动真的是魔鬼 154
你以为我想叛逆啊 157
每个孩子都可以很阳光 160

第七章 解决问题靠能力，成功人生靠心态

观察力，把问题“扼杀”在萌芽里 167
分析力，迅速找到症结所在 171
学会转换思维，灵活应对 174
自信是一剂灵丹妙药 177
勇敢地迎接问题，沉着地应对问题 181
虚心好学，独立自主 184
面对诱惑，学会约束自己 187

第八章 用心思考，感悟成长

“我不能”先生的葬礼 193
方法总比问题多 195
发现问题比解决问题更重要 199
勤于思考，不断提出问题 202
让思考成为一种习惯 205
人生没有“不可能” 209
没有比脚更长的路，没有比人更高的山 213

第一章

成长的路上没谁不摔跟头

经历三次高考的俞敏洪

有一首歌叫《真心英雄》，它红遍大江南北，几乎每一个人都喜欢听、喜欢唱。为什么呢？就是因为这首歌，唱得我们热血沸腾、激情飞扬，也因为它唱出了一个我们都明白，也都认可的成长道理——不经历风雨，怎么见彩虹？

是啊，无论是我们普通人，还是那些具有聪慧禀赋的名人、天才，在个人成长的道路上，还没有谁可以一帆风顺，畅通无阻。

成长的路上，谁不曾摔过跟头、碰过壁？人就是在摸爬滚打中学会成长，在磕磕绊绊中学会生存的，就连著名的俞敏洪先生也不例外。

俞敏洪是中国著名的人物。他毕业于北京大学西语系英语专业，1993年创立新东方学校，是新东方学校的创始人，现任新东方教育科技集团董事长兼总裁，全国青联常委、全国政协委员。他被媒体评为最具升值潜力的十大企业新星之一，20世纪影响中国的25位企业家之一，并且，他还被誉为当下中国青年大学生和创业者的“心灵导师”、“精神领袖”。然而，就是这样一个显赫的名人，他也摔过跟头，并且不止一次摔过跟头，每次都摔得头破血流。

俞敏洪第一次参加高考时，英语只考了33分。没有考上大学，他便回农村老家干农活去了。他边干农活边学习，又去参加了第二次高考，可惜的是，这次考试他的外语也仅考了55分。虽然比第一次多出了不少，但还是名落孙山。两次高考失利，对年轻的俞敏洪打击不小，他因此垂头丧气，对未来感到迷茫。

而此时，面对又一次高考失败的儿子，俞敏洪的母亲想方设法为儿子联系了城里的高考补习班。俞敏洪去城里补习之前，母亲对他说："没什么大不了的。考上最好，考不上也不吃亏。"俞敏洪再次学会了坚强，通过努力，1980年的第三次高考，俞敏洪考上了北京大学。经历了挫折和失败，也经历了奋斗与坚持，俞敏洪成功了。这个经历，让俞敏洪悟出一个人生的道理。那就是，如果一件事，你努力了，但没有成功，人生不会因此变得更糟糕；如果有成功的可能，为什么不去努力争取呢？是啊，只要肯坚持，肯坚强，肯坚定，人生就没有失败！俞敏洪还总结出一个著名的"揉面定律"——人刚开始没有任何社会经验，也没有任何痛苦，就像一堆面粉，手一拍，它就散了。可是你给面加点水，不断揉搓它，它就有可能成为你需要的形状——虽然它还是面，却不会轻而易举地折断。你不断被社会各种各样的苦难所揉搓，揉到最后，你会变得越来越有韧性。

说得多好啊！

其实，在我们成长的道路上，那些挫折，那些失败，都是人生的风雨，我们在人生风雨的冲刷下，才学会坚强，学会坚韧，正像歌中所唱的，"没有人能随随便便成功"，"把握生命里的每一分钟，全力以赴我们心中的梦"。

俞敏洪那样的名人都遭遇到一次次的挫折，那么，平凡如我们，是不是该正确面对自己的"跟头"呢？摔跟头并不可怕，可怕的是我们在成长的道路上摔了跟头之后，不能够勇敢地站起来，更可怕的是我们在摔了跟头之后，再也不敢朝前走。

在俞敏洪三次高考的真实故事里，我们看到，在他摔跟头的时候，他的母亲是怎么做的。给他联系城里的补习班，并且从精神上给予莫大的鼓舞，她说："没什么大不了的。考上最好，考不上也不吃亏。"正是这句话，给遭受挫折、摔了跟头的俞敏洪以极大的鼓舞。这是来自外部的、周围亲人的力量。这种力量，可以帮助一个摔跟头的年轻人勇敢地站起来。

当然，作为我们来说，最大的力量来自我们内心，我们的内心要强大，要坚强。如果面对两次高考失利，俞敏洪内心不够强大，从此一蹶不振的话，外部再大的力量也无法扶他起来，那样他就会成为一个扶不起的阿斗。可喜的是，他的内心是强大的。他有战胜挫折的决心和信心。结果，在外部力量和内心力量的配合下，他成功了！

我们也是如此。面对挫折和失败，我们首先要有正确的人生态度，那就是——“没有什么大不了的，这些挫折和失败只是我成长过程中必经的风雨，冲过风雨，我便见到彩虹！”这样的豪情和信心，是战胜挫折的第一步。当然，只有这第一步是不够的，接下来，还需要正确的方法和脚踏实地的奋斗。

我们要永远记得：面对失败，我们永不言痛！面对挫折，我们永不言弃！

成长训练

这次的成长训练，是请你回忆一下第一次考试失利的事儿，想一想，当你知道成绩后是什么反应。请将当时的心路历程呈现在下面的空格内。

挫折是对意志的磨砺

有这样一个人，他的生命中充满挫折，也写满传奇。让我们来猜一猜，他是谁?

1832 年，23 岁，他失业，竞选议员失败;

1833 年，他开办的企业倒闭了;

1835 年，他的未婚妻不幸去世;

1838 年，他努力争取成为州议员发言人，未能成功;

1843 年，他参加国会大选，落选了;

1848 年，他竞选连任国会议员失败，他申请当州土地管理员失败;

1854 年，他竞选参议员失败;

1856 年，他竞争副总统提名失败;

1858 年，他再次竞选参议员失败;

1861 年，52 岁，他当选为美国第 16 届总统，成为美国历史上最伟大的总统之一。

他是谁?

他就是林肯。

是挫折的经历以及面对挫折不屈不挠的精神，成就了林肯的传奇。在人类历史上，那些生命中的挫折，恰恰是成就事业、获得成功的催化剂。从挫折中走出来，走向成功的伟人、名人不胜枚举。

孔子从小家境贫困，没有受教育的条件，只能通过自修来学习。他从15岁开始发奋读书，遇到问题就多方求助。孔子曾说：“三人行，必有我师焉。”为了实现自己的理想，孔子周游列国，历经坎坷、磨难和挫折，终于成为我国著名的学者和大教育家。

桑兰出生于1981年2月，浙江人。原国家女子体操队队员，在全国性运动会上曾获得跳马冠军。1998年在美国纽约市长岛举办的友好运动会上不幸脊髓严重挫伤，导致瘫痪。在美国治疗期间，她以“桑兰微笑”征服了大洋彼岸的人们。2001年1月14日，桑兰接受申奥形象大使聘书，成为2008年北京申办奥运会的形象大使。

张海迪，1955年秋天在济南出生。5岁患脊髓病，胸部以下全部瘫痪。她虽然没有机会走进校门，却发奋学习，自学完小学、中学的全部课程，还自学了英语、日语、德语和世界语，并攻读了大学本科和硕士研究生的课程。1983年张海迪开始从事文学创作，先后翻译了《海边诊所》等数十万字的英语小说，编著了《向天空敞开的窗口》、《生命的追问》、《轮椅上的梦》等书籍，获得了全国“五个一工程”图书奖。她创作和翻译的作品已超过100万字。现为作家，全国政协委员，中国残疾人联合会理事长。

这样的例子还有很多。

古今中外这些伟人、名人的经历告诉我们什么道理？首先告诉我们，人生无坦途，其次告诉我们挫折通向成功。

那么，什么是挫折呢？

人的行为总是受一定的动机和目标指引的，如果在实现目标中遇到困难和障碍，这就是挫折。在面对挫折的时候，既难以克服又找不到替代目标，就会使人产生挫折感。很多时候，人们不是败在挫折上面，而是败在挫折感上。

既然人生无坦途，就正好说明，我们在生活、学习和工作中是无法避免地要遇到种种挫折的，那些挫折往往如影随形，随时随地可能来侵扰我们。这不可怕，可怕的是我们自己的挫折感。这是我们的内心，我们的胸怀，我们的思想，是我们主观方面的因素。我们只有控制自己的思想，正确面对来自内心深处的挫折感，才可以把握自己的行动，去战胜挫折。

其实，挫折是具有两重性的。对于强者来说是好事，而对弱者来说却是坏事。这里的强者，是指除了具有强大的本领，还有强大的心灵的人，也就是那些能控制自己的消极思想和挫折感的人。我们要做这样的人，勇于挑战我们遇到的种种挫折，向它们宣战，向它们开炮，向它们发动战争，直至战胜它们！

那么，怎样做一个不怕挫折并且能够战胜挫折的强者呢？

做一个生活的强者，是需要智慧的。

首先，我们要多学习知识、多掌握本领、多增强体魄，让自己本身变得强大起来，这是战胜困难和挫折的必要条件。试想，一个没有什么知识的人，一个没有多少技能的人，一个体弱气虚的人，怎么可能战胜挫折？我们一定要提高自己的综合素质，做一个身体和心灵都强大的人。有智慧的人，首先会让自己的身体、知识结构还有心灵都变得强壮、强大。

有智慧的人，还会懂得借助外力来战胜困难，战胜挫折。当我们在学习和生活中遇到无法独力战胜挫折的时候，一定要懂得去向老师、同学、家长求援。比如，当我们在校园生活中遇到了情感挫折，单靠自己的力量、自己的胸襟，还有自己的能力无法解决，切不可一个人闷在心里，一个人硬撑，而一定要向老师、同学或者家长寻求帮助。向你信任的人倾诉一下、咨询一下，换一个角度思考、换一种思维审视，挫折也许就会迎刃而解。这就是我们在战胜挫折时必须要懂得的智慧。

不过，需要注意的一个问题是，如果在成长的过程中，那些能够依靠自己力量解决的挫折，就一定要靠自己的力量来解决，切不可一有什么挫折，就去寻求帮助，请求支援。这样的话，我们将会丧失斗志，丢掉主观能动性，无法让自己受到摔打与历练。这样做，会对我们的成长不利。

有这样一个故事，就给我们带来了这样的启示。

草地上有一只蛹，被一个小孩发现了，并带回了家。过了几天，蛹上出现了一道小裂缝，里面的蝴蝶挣扎了好长时间，身子似乎被卡住了，一直出不来。天真的小孩看到蛹中的蝴蝶痛苦挣扎的样子十分不忍，于是拿起小剪刀把蛹壳剪开，帮助蝴蝶破蛹而出。

做完这件事情之后，小孩很开心，他觉得自己做了一件好事。可是，不幸的事情发生了。那只在小孩帮助下破蛹而出的蝴蝶，居然早早地死掉了。蝴蝶为什么会过早死去呢？

这是一个值得深思的问题。因为，这只蝴蝶失去了成长的必然过程。蝴蝶的成长必须在蛹中经过痛苦的挣扎，直到它的翅膀强壮了，才会破蛹而出。因为没经过挣扎历练，蝴蝶经受不了世间风雨的吹打，所以就早早地死掉了。人的成长也是如此。人生在世，谁都会遇到挫折，适度的挫折具有一定的积极意义，它可以帮助人们驱走惰性，激发人的潜能，促使人奋进。

成长训练

当你遇到无法解决的困难和无法战胜的挫折时，你首先会想到向谁求援？请你在下面的空格内填写出 5 个以上的人名，并简要说明原因。

布满荆棘的路上开满鲜花

伏尔泰曾经说过这样的名言："人生布满了荆棘，我们想的唯一办法是从那些荆棘上迅速跨过。"在这布满荆棘的路上，荆棘与鲜花同在，挫折与成功同在。

面对挫折与困难，我们要充满自信。自信心就是当我们面对挫折与困难的时候，相信自己一定能够通过努力实现自己的愿望或者预期的目标。自信是我们克服一切困难的力量源泉，自信能够创造奇迹。

俄国著名戏剧家斯坦尼斯拉夫斯基，在一次排演一出话剧的时候，女主角突然不能上台演出了，斯坦尼斯拉夫斯基非常着急。经过一番思考和寻找后，实在找不到人，只好叫他的大姐担任这个角色。她以前只是一个服装道具管理员，现在突然出演主角，怎么可能演好呢？这可是她从来都没尝试过的事情啊，想都没有想过！她不由得产生了自卑、胆怯的心理，结果是一开始排练就演得极差，引起了斯坦尼斯拉夫斯基的烦躁和不满。一次，他突然停下排练，说："这场戏是全剧的关键。如果女主角仍然演得这样差劲儿，整个戏就不能再往下排了！"这时全场寂然，他的大姐久久没有说话。突然，她抬起头来说："排练！"一改原来自卑、羞怯和拘谨的状态，这一次她竟然演得非常自信、非常真实、非常投入，结果得到了大家热烈的掌声。斯坦尼斯拉夫斯基高兴地说："我们又拥有了一位新的表演艺术家！"同样一个人，对演绎技巧毫无所知的一个人，前后怎么会有这么大的区别？这就是自信战胜了自卑的缘故。当我们面对挫折的时候，也应该相信自己，不要低估自己的能力。生命的价值和意义就在于能不能正视自己的能力，相信自己的智慧。我们要相信，荆棘的旁边一定有鲜花盛开，困难的背后一定隐藏着胜利。

我们身边有很多同学，往往其他学科都很优秀，只有一门科目学得不是很好，比如数学、英语或者化学等，就因为成绩上不去而失去了学习的信心。我们要学会自我鼓励，树立信心。也可以通过老师的帮助，不断体验成功，从而更好地肯定自己，赞赏自己，树立信心——其他那么多课程我都可以学得很好，这一门应该也不在话下！

挫折永远阻止不了强者奋进的步伐。“苦难对于天才是一块垫脚石，对能干的人是一笔财富，对弱者是一个万丈深渊。”这是法国著名作家巴尔扎克对于挫折与强者的一种诠释。我们觉得就是这样，“困难是弹簧，你强它就弱，你弱它就强”。如果我们是强者，那么所有的挫折就是弱者，全不是我们的对手；如果我们是弱者，那么挫折就变成了强者，将我们打败。我们要选择做生活的强者。

巴雷尼小时候因病残疾了，母亲的心就像刀绞一样，但她还是强忍住自己的悲痛。母亲知道，孩子现在最需要的是鼓励和帮助，而不是妈妈的眼泪。母亲来到巴雷尼的病床前，拉着他的手说：“孩子，妈妈相信你是个有志气的人，希望你能用自己的双腿，在人生的道路上勇敢地走下去！好巴雷尼，你能够答应妈妈吗?”母亲的话，像铁锤一样撞击着巴雷尼的心扉，他“哇”的一声，扑到母亲怀里大哭起来。从那以后，妈妈只要一有空，就帮巴雷尼练习走路，做体操，常常累得满头大汗。正是依靠这种坚强，妈妈帮巴雷尼完成了一天又一天的锻炼计划，体育锻炼弥补了残疾给巴雷尼带来的不便。这种在挫折面前表现的强者精神，给予了他刻苦学习的动力。他以优异的成绩考进了维也纳大学医学院。大学毕业后，巴雷尼把全部精力致力于耳科神经学的研究。最后，终于登上了诺贝尔生物学和医学奖的领奖台。这是一个强者战胜挫折的真实故事。和巴雷尼遇到的挫折相比，我们在学习、生活中遇到的挫折，又算得了什么呢?

苦难也是一笔财富，我们要学会苦中寻乐。“苦难是人生的老师，通过苦难，走向欢乐。”贝多芬用自己的亲身经历诠释了人生中的苦难，也透露出他面对苦难乐观向上的态度，在他的心中，人生中没有苦难这个词语。有着严重耳疾的贝多芬，没有因为先天的不足自暴自弃，而是克服了重重困难，创作了许多优秀的作品，将美好带给了整个世界。被誉为中国“西部民歌之父”的音乐大师王洛宾，一生历经无数坎坷，妻离子散，长期处于极大的心理压力之中，然而他并没有感到自己有多么苦，他以“胜似闲庭信步”的态度，投身于大西北的沙漠孤烟之中，耐得住寂寞，将生命中所有的苦，当做自己的伙伴，在苦难中寻找生活的乐趣，寻找创作的灵感和激情，给世人留下了《在那遥远的地方》等多首西部民歌。这些名人苦中作乐的精神，值得我们学习，想想我们现在的生活、学习环境，哪里有什么苦难可言？好好珍惜拥有的一切，面对困难，我们就会笑看一切。

牛顿说：“如果你问一个善于溜冰的人是如何学成的，他会告诉你，跌倒了，爬起来！”在我们的学习和生活中，自然会遇到许多挫折，如果我们能够正确对待挫折、面对挫折，一定能在荆棘之路上看到美丽的鲜花。相信困难总是暂时的，只要坚持不懈地努力做生活的强者，就能将挫折化为成功的垫脚石。用良好乐观的心态面对挫折，调整自己的情绪，将挫折化为成功的动力，努力寻找解决问题的办法，你一定能够获得成功。

让我们做一个生活的强者，不仅要看到成长路上的荆棘，更要闻到鲜花的香味！如果我们只看到道路上的荆棘而看不到鲜花，我们很可能被困难吓倒，失去了前进的动力。当我们心中鲜花盛开，充满无限希望时，脚下的坎坷与困难，便无法阻止我们奔向成功的脚步！

成长训练

在学习、生活中，相信你也遇到过一些挫折，也会走过一段又一段布满荆棘的艰难之路。然而，这不是我们应该沮丧的理由，而是我们的财富。那么，在这次成长训练中，请你回顾一下你所经历过的那些挫折，一件一件地具体罗列在下面的空格里。每隔一段时间就翻开来看一看，回味一下，每次阅读和回味，你可能都会有新的感受和新的收获——你看，我已经成功跨越了那么多荆棘，纵使今后的道路荆棘密布，我也不会害怕！

把每个问题都看做是机会

每个人在生活和学习中都会遇到很多问题，出现问题是正常的，没有问题才是不正常的。有的问题我们能够自己解决，但是有的问题需要家长、老师或者朋友帮助，才能够解决。但是，不论问题是大还是小，每个问题对我们来说都是一次学习的机会、成长的机会，能够帮助我们增长宝贵的经验，让我们在解决问题的过程中提升自我。问题是我们最好的老师。所以，面对问题的时候，我们应该拥有一份积极的心态，停止毫无用处的抱怨，积极投入到问题的解决中去，主动解决问题，最终获得成功。

面对问题的时候，往往有很多人不能从积极的一面去看待，总是将问题看成阻碍发展的绊脚石。现在，让我们一起走进一个故事，很多道理就不言而喻了。

有这么一个酷爱绘画的年轻画家，他总是希望能通过自己的努力提高画技，画出人人喜爱的画。他想出了一个办法，他把自己认为最满意的一幅作品的复制品拿到市场上，请周围的观众把不足之处圈点出来。为了能够帮助这位年轻的画家，许多人真诚地发表自己的意见。到晚上回来，画家发现，画面上所有的地方都标上了指责的记号。也就是说，这幅画简直一无是处。这个结果对年轻人的打击太大了，他萎靡不振，开始怀疑自己到底有没有绘画的才能。他的老师见他不久前还雄心壮志，此时却如此情绪消沉，很奇怪。经过询问，知道了事情的真相，于是，便告诉他不必就此下结论，换一个方法再试试看。

第二天，年轻的画家按照老师的方法，把同一幅画的又一个复制品拿到集市上，旁边放上了一支笔。所不同的是，这次是让大家把觉得精彩的地方给指出来。到晚上回来，画面上所有的地方，都密密麻麻标满了各种赞赏的记号。青年画家于是大彻大悟，终于在绘画上有所成就。

有趣的故事，给我们一个很深的启发。我们在生活中不是同样会遇到这样的问题吗？比如，当我们在学习数学时，遇到不会的题目，总是喜欢用单一的方法来解决问题，为什么不能尝试着换一种方法、换一个角度来解决难题呢？

换一个角度看问题，多给自己一个鼓励的微笑，能激起百倍的勇气和信心，也一定能解决问题。是呀！当我们遇到问题的时候，我们应该向画家学习，换个角度去思考，正如成功哲学中所说："只要你心中浮现失败的字眼，胜利便不会对你微笑。"这便是面对每个问题我们首先需要明白的道理——遇到了问题，可能堵住了我们的一条出路，但要相信一定会有别的路可走。

每个问题都是我们成长的机会，但不是任何问题都靠我们自己就能解决得了的，因此，我们要学会寻求别人的帮助。当然，要想得到别人的帮助，首先要学会帮助别人。

一百多年前，在英国，有一个叫弗莱明的贫苦农夫正在地里干活，忽然听到有孩子喊"救命"的声音，他循声跑过去，看到一个小男孩深陷沼泽，他救出了这个男孩儿。第二天，被救男孩的父亲，一位风度翩翩的绅士，要送给弗莱明一大笔钱作为报答。弗莱明说："我不能因为救了你的小孩而接受报酬。"这时，一个少年从屋里走了出来，正是农夫的儿子。绅士说我将提供给你的儿子与我儿子同样的教育。在男孩父亲的帮助下，小弗莱明接受了良好的教育，后毕业于伦敦圣玛丽医科大学。几十年以后，弗莱明教授发明了举世闻名的青霉素，拯救了许许多多的生命，造福了全人类，因此获得了诺贝尔奖。

那个被农民救起来的绅士的儿子，就是后来英国著名的政治家、首相温斯顿·丘吉尔爵士。在第二次世界大战最紧要的关头，丘吉尔患上了当时足以致命的肺炎，许多高明的医生都束手无策，是弗莱明教授发明的青霉素再次救了丘吉尔一命。

我们看到这个故事就会明白这样一个道理，那就是帮助别人就是帮助自己，假如农夫弗莱明没去救那个小男孩，就不可能与那位绅士相识，小弗莱明也不会因此而受到良好的教育，成为伟大的科学家。一个小小的善举，一份人与人之间真诚的帮助，不仅解决了问题，找到了机会，改变了别人，也改变了自己。人与人之间的感情是相互的，善待别人其实就是善待自己，也给自己增加了人生的机会。这便是面对问题时我们还需要明白的道理——遇到问题勇于解决，带来的正面效益是多重的，反之亦然。

面对问题，我们还要明白，一定要把握机会，不要轻言放弃。方法总比问题多，面对问题的时候，调整好心态，努力寻找解决问题的方法。一旦我们选择了放弃，就会永远与希望和机会失之交臂；一旦我们选择了永不言弃，我们就能享受到成功后的喜悦，又一次把握住人生的机会。

有这样一个人，他年轻时家庭生活贫困，只能依靠他一个人养家糊口。一次，他到一家电器工厂去谋职，请求负责人安排一份工作，哪怕是最低下的工作也好。这位负责人看他身材又瘦又小、衣衫褴褛的样子，很不屑地说："你穿成这个样子，怎么到这里工作啊，等你穿得整洁一些再来吧!"这本来只是一个推脱的理由而已，没想到这个人当真了。这个人回去借了一些钱，买了一件整齐的衣服穿上又来了。那位人事主管一看实在没有办法，便告诉他："关于电器方面的知识你知道得太少了，我们不能要你。"

两个月后，这位求职者再次来到这家企业，对人事主管说："我已经学了不少有关电器方面的知识，您看我哪方面还有差距，我一项项弥补。"这位人事主管盯着他看了半天才说："我干这行几十年了，头一次遇到像你这样来找工作的，我真佩服你的耐心和韧性。"终于答应他进了那家工厂工作。

这位求职者就是后来成为日本松下电器公司总裁的松下幸之助。正因为他的坚持，不轻言放弃，最后获得了成功。

正是这份不轻言放弃的执着，一次次将问题解决得尽善尽美，才给自己赢得了工作的机会。因此，我们面对问题的时候，要选择勇敢面对，这是对自己的考验，也是对自己的提升！问题来了，机遇往往也会随之而来。

成长训练

这次的成长训练，是请你结合自己的实际情况，梳理一下你成长路途中所遇到的那些大大小小的问题，从中选出一个你认为最大的问题，总结一下你解决这个问题的前前后后，谈一谈你的收获、你的经验。

经历是人生最大的财富

我们每天都在经历着酸甜苦辣和悲欢离合。这份经历有快乐，也有痛苦；这份经历有浓烈，也有平淡；这份经历有顺境，也有逆境；这份经历有成功，也有失败。有的刻骨铭心，一生难以忘记；有的却如过眼云烟，逝而无痕。不论怎么样，所有的经历都是我们人生旅途中的足迹，经历过的任何事情都会在我们心灵深处留下成长的痕迹。正是这五彩缤纷的经历，给予我们成长的机会，让我们感受到了人世间的酸甜苦辣。经历是人生最大的财富。

我们是伴随着爱来到这个世界的，在妈妈爱的怀抱里长大，在爸爸爱的鼓励中成长，经历过小学生活的我们，收获了老师给予我们的师爱，收获了同学之间的友情。踏入中学的大门，和同学之间的友情更加深厚。“不管未来有多遥远，成长的路上有你有我；不管相逢在什么时候，我们是永远的朋友；不管未来有多长久，请珍惜相聚的每一刻。”这是同学们在留言册上的真情话语。这都是我们人生中最为宝贵的经历。

有这样一个广为传诵的关于友情的故事。传说有两个朋友在沙漠中旅行，在旅途中的某个地方他们吵架了。其中个子高大的人给了个子矮小的人一记耳光，个子矮小的人一言不发，他拿起一块石头，在沙子上写下：“今天我的好朋友打了我一巴掌”这几个字，但很快就被掠过沙漠的风吹走。他们继续往前走，直到到了沃野，他们才决定停下。可是意外发生了，那个挨巴掌的人差点被水淹死，幸好被他的朋友救出来。被救后，他拿了一把小刀在石头上刻下："今天我的好朋友救了我一命。"刻在石头上的字，任风吹雨打也不能消失。

站在一旁的朋友好奇地问道："为什么我打了你，你要写在沙子上，而现在却要刻在石头上呢？"

他笑笑回答说："当被一个朋友伤害时，要写在容易消失的地方，风会抹去它；相反，如果得到了朋友的帮助，我们要把它刻在心灵深处，那里没有人能抹去它。"

这是对待朋友之间交往的一个故事。朋友之间交往的时候，有相互帮助的美好和难忘，也有无意或者有意的伤害，这两者我们怎么面对，事情的结果是不一样的。如果我们将朋友之间的伤害想成是有意的，那么可能就会失去朋友，失去这份宝贵的友谊；如果我们将这份伤害看成是无心的，只铭记那些对自己真心帮助的事情，我们就会发现自己拥有更多的朋友。面对朋友要有一颗宽容、理解的心。在日常生活中，无论多么要好的朋友，都会产生或大或小的摩擦，面对摩擦和矛盾，我们要将伤害丢在大风里；面对帮助和恩惠，要牢牢地记在心间。经历友情是人生的财富。

人生充满了喜怒哀乐，酸甜苦辣，我们只有一一经历过，一一品味过，人生才可以称为是丰富的，完整的。真正的财富，不仅仅是金钱，丰富的人生经历，才是最为宝贵的。我们只有学会勇敢地冲进火热的生活里，大胆地去爱，勇敢地去恨，执着地去追求，才会让我们拥有取之不尽、用之不竭的人生财富！

所以，聪明的你，一定会选择多一些经历。除了学习以外，我们可以多到大自然中去领略祖国山河的美丽；我们也可以多做些有意义的社会实践活动，比如为敬老院的老人献爱心，比如去做公共事业的义务宣传等等。有人说，人生最宝贵的财富就是经历，其实经历就是人生的阅读和行走。多阅读、多行走，我们的人生就会日益丰富、多彩无限。

成长训练

这次成长训练，是请你在下面的空格内写出几件自己亲身经历的事情。请写出从小到大你所经历过的最痛苦的一件事，最幸福的一件事，最难忘的一次误解，最恐惧的一件事，最自豪的一件事，等等。每一次经历，都是一次成长，所以，这些事情值得我们反思和体会。

第二章

学习是最大问题，攻克堡垒有妙招

如果作业没做好

作业做不好的原因，我们一想就明白，问题肯定出在课堂听讲这个重要环节。有人说："学生如果不把上课作为学习的中心环节来抓，那就是捡了芝麻丢了西瓜。"这话再恰当不过了。课堂对于我们来说是最宝贵的了。我们不仅要听懂课堂上老师讲解的知识，更为重要的是我们还要理清老师的讲课思路，因为只有明确思路，我们才能真正学以致用，而作业就是运用、拓展课堂听课成果的一个巩固性环节。

获得1979年全国高考理科第一名的应自强，就是一位善于理清老师讲课思路的学生。他在中学时，物理课超前学习了许多，经过多次考查，学习成绩总是非常优异。学校认为他完全可以不用和同学们一起上物理课。不用去听课，这对一位学生来说，是多么具有诱惑力啊。他可以用来学习别的课程，或者干脆去休息、去玩耍。可是，应自强仍然坚持到教室和同学们一起听物理课，在课堂上总是全神贯注地听讲。有同学说，这些课程你已经懂了，再去听，多没有味道啊！大家都觉得他这么做没有什么意义。他却解释道："虽然老师要讲的知识内容大部分我早已掌握了，但是，老师分析问题、解决问题的逻辑思维方法我还没有学到手。我听物理课的目的是把自己的思维方法跟老师的思维方法作比较，找出我的差距，培养和提高自己的思维能力。"

可见，听老师讲课，掌握知识固然重要，但是更重要的是理清老师上课的思路，主动地把老师讲解的知识发展成为举一反三的学习思路。在听课的时候，弄清楚老师在整节课中贯穿的主线，明晰这节课的主要内容，开始的引入、中间重要环节的分析解读，直至最后方法的总结都要弄清楚。虚心向老师学习科学的思维方法，积极主动地发挥自己学习的积极性，就能很好地为课后做好作业打下基础。

那么，除了上面的秘诀之外，要想做好作业，还有哪些方法呢？

人们常说“好记性不如烂笔头”，听课的时候，我们不妨学会坚持做课堂笔记。做笔记的时候，要系统地将老师讲课的思路标识出来。可以和老师讲课的思路一致，还可以是我们对知识理解之后所思所悟的完整体系。这个体系不是固定的模式，但一定是有利于作业参照的完整的知识体系。课堂笔记是为了课下更好地运用才做的，而不是简单地为了记而记，所以一定得有实用的价值，能成为我们做作业的有利依据。

干政同学开始上少年班的时候，刚过 13 岁。他原来听说在大学上课，一节课下来，老师要讲好几十页讲义，很多课程连教材都没有，老师上课一抄一大黑板。那样的听课，还不是左耳朵听进来了，右耳朵又冒出去了？该怎么办呢？经过反复思考，他觉得记好课堂笔记最重要。于是，他决定以记好笔记作为听课的手段，并以此来更好地完成课后作业。老师在讲台上讲，他在下面记；老师在黑板上写，他在下面抄。刚开始摸索的时候，没有什么经验，老师的每一句话他都觉得不能丢，费的力气可真不少，课堂笔记简直成了老师讲课的记录了。于是，他的课堂笔记上没有一点自己的思考和感悟，整个是照葫芦画瓢。

结果怎么样呢？结果是事与愿违，徒劳无功。由于集中精力记笔记，大脑只是简单而机械地反应，来不及思索，老师讲了些什么，印象并不深；老师讲的重点是什么，自己也不能掌握住；自己的思路不能和老师的思路相一致，出现丢三落四的情况，并且知识也不能很系统地衔接，课堂上学习效果不好，课后花的时间就更多了。干政感觉到这样做笔记是不科学的，不分轻重主次，成了机械的记录，显然是不行的。于是，他改变听课方法：上课头脑始终保持清醒，积极思考，边做笔记边思考，跟上老师讲课的思路，听懂了的，理解了的，就不再煞费苦心地记录。笔记中记的都是那些重点内容和自己没有理解的内容，记那些与自己预习时理解有矛盾的内容。这样有选择地记不仅不乱，而且记得很快，不会影响现场听课的思路。下课以后，将自己质疑的问题询问老师，以求当天解答，不留下知识的尾巴，再用自己理解的话将这些知识点整理在笔记本上。这样做，不仅温习、巩固了当天的课程，还为当天的作业做好了思维方法上的引领和铺垫，并为今后的复习提供了方便，因为看到笔记中某一条纲要，马上就可以回忆起当时整理笔记时对这一条的理解，复习起来既快又全面。干政同学课堂上做好笔记的学习方法很值得我们学习和借鉴，做好笔记是我们做好作业的一个重要环节。

除了认真听课和科学记笔记为做好作业打基础之外，做作业本身还有方法可寻。

很多同学都因为做作业速度慢，经常出错而烦恼不已，其实做作业是要讲究技巧的。作业的巩固练习是课堂知识的运用和拓展，审清题意是作业的重要一步，要动笔之前先动脑，把题目多读几遍，对于题目中的每个概念，联系上课时自己理解的思路去思考题目的意思，找出解决问题的出发点，按照正确的解题步骤，一步一步进行思考、解答。作业写完了，一定要认真检查，可以逐题检查，即一步一步检查，也可以用重做的方法，检验两次结果是否一致。

做作业不是一个单纯的环节，而应该贯穿融会于学习的每个环节。如果觉得自己做作业比较枯燥，可以找同学一起商量，一起交流学习方法。总之，每个人都有自己喜欢的方法，能给我们带来事半功倍的收获、能让我们离成功越来越近的方法，都是好方法。

寻找到这样的方法，我们做好作业就不在话下了。

成长训练

如果作业做不好，不要心焦，也不要沮丧，向老师请教，向同学学习，找出适合自己的学习方法。因为好的方法非常重要，好的方法能让我们在学习中轻装上阵、挥洒自如！

你有保留自己作业本的习惯吗？这次成长训练，是让我们翻找出自己所有能找到的作业本，仔细地从头到尾翻看一下，寻找那些最“惨不忍睹”的作业。时过境迁之后，重新看到那些大红叉号，你会想起什么？你会得到什么样的启示？想想看，再记录下来。

考砸了到底要怎么办

考试是我们学习过程中必不可少的一个环节，是检测学习目标达成与否的有效方法。每个学期都会有两次正规的考试检测——期中考试与期末考试。考试的类别不一样，给我们带来的心理冲击力也是截然不同的。面对最终的考试结果，我们应该用怎样的心态去接受，这是最为重要的。

考砸了到底要怎么办？这是我们都有可能面对的一个问题。大家都想做“常胜将军”，希望在每次考试中都能取得自己满意的成绩，但这几乎是不可能的。即使平时学习成绩一直不错、学习很努力的同学，也会因为各种原因，出现考试考砸的现象。遇到这种情况，我们不要为此而纠结，为此而焦虑，而是要好好找找考砸的原因。

考试考砸的原因有很多，或许是课堂上没有认真听讲，很多应该掌握的知识都没有内化到大脑中；或许是在完成作业这个环节上没能认真对待，错题也没能及时纠正，导致知识链的断裂；或许是心理素质差，考试紧张，以至于头脑不清晰；或许是“大意失荆州”，做完试卷后没有养成认真检查的习惯。

考试本身除了是对学生的知识、能力方面的测试，也是对学生的心理健康、应变能力、承受能力的一种测试。许多同学在考试的前几天情绪就不能平静，总是烦躁不安，无心看书，无心休息，拿起语文，想起物理……这就是人们常说的“考前焦虑”。

考前焦虑是影响我们考试成绩非常重要的原因之一，这份焦虑不仅会影响考场上的正常发挥，会分散注意力，还会影响考试成绩。消除考前焦虑最重要的一条是树立自信心，相信自己的能力，相信自己的水平，相信“自己不那么容易失败”，“我不比别人差多少，同样的人，他行，我也行”！默默地在心底鼓励自己，必要的时候做几次深呼吸。

任勇同学是1985年中美联合招收赴美物理学研究生考试中获得第一名的学生，他的亲身经历证明了这个道理。他当时说：“要想在考试前不存在心理负担，在学习上有一个远大的目标是很重要的，这样会把考试看得很渺小。这就好比一名长跑运动员，在望见终点线时，当然会加快步伐全力冲刺，但这时也最容易跌跟头，因为他太渴望到达终点了。必须告诫自己，这远不是最后的冲刺，离最后的终点线还远。我觉得对一名大学生来说，不应当把出国、考研究生当做最高的追求。”正是这种泰然处之的心态，才让他在紧张的考试过程中游刃有余、顺利流畅地发挥出自己的水平。目标不要仅仅局限于一次考试，要有更为远大的目标。你会发现考试只是漫长人生中的一件小事。胸襟宽广了，面对考试的时候，心里也就不再那么焦虑。

有了这样好的应试心态，接下来还要拥有一套科学的答题方法，方法是通往成功的基石。

试卷发下来之后，我们不要急于做题，一定要先通读试卷，用两三分钟的时间把试卷从头到尾浏览一遍，做到心中有数，以便能总揽全局，少走弯路，合理安排时间。解答题目之前，要认真审阅题目，读懂题目的要求，做题要有的放矢，可以借助题目前后括号里说明性、提示性的语言文字，理解题目的要求，防止在解答题目的时候答非所问，偏离题目要求去答题，这是非常重要的一步。答题过程中要发挥自己的最高水平，不论是卷面，还是题目的实质问题，都要做到规范化。字迹书写要工整，卷面要整洁，给人一种美的感受。潦草的字迹会使得卷面很凌乱，这样呈现在阅卷老师面前，结果是可想而知的。各种符号一定要写得标准，不要似是而非，否则在看不清的情况下，或者不够标准，阅卷老师认为错，分数就丢掉了，这样实属可惜。

答题的过程，是有规律可循的，我们要遵循先易后难的做题方式，先把简单的题目解答完了，能让我们更有信心去解决困难的题目。面对难题，一定要沉住气，不要慌张，一步一步理清头绪非常重要，这时候，就是考验我们心理素质的时候，我们一定要充满信心，千万不可乱了阵脚，要一鼓作气，将自己学到的知识有机地融合在一起，稳扎稳打。当遇到一些看似简单的问题时，切不可高兴太早，一定不要掉以轻心，因为这个时候，我们会犯马虎的毛病，这样的马虎也是致命的，最终的胜利属于细心的人。

题目答完了，一定要留出充足的检查时间，检查的时候注意对于最没有胜算的题目，再认真地审查一遍；对于简单的题目，也别忘记再检查一遍，这样才能做到胸有成竹，问心无愧，不至于走出考场以后，因为大意而懊悔！

考试考的是知识，也是心态，考砸了不要紧，重要的是能在失败之后找出原因，以更加积极的心态投入到以后的学习中。

成长训练

在我们的学习过程中，要像保存作业本一样，将我们历次考试的试卷都精心保管起来。这次的成长训练就是要翻看那些考过的试卷。不用看那些大红对号，只需要看那些大红叉号。每看一次，你会有一次不同的感受、不同的收获。请把那些全新的感受和收获写下来。

可恶的老师，又让请家长了

在我们学习的过程中，老师请家长到学校交流是一件很正常的事情，但是这样的事情是让同学们非常排斥的，大家都很反感老师请家长。原因很简单，我们认为那是老师向家长告状。其实不然，正是因为老师对我们负责，才将我们在校的情况，或许是学习方面，或许是人际交往方面，或许是心理方面的问题，和家长进行沟通和交流，以便让家长更好地了解我们在校的方方面面，这也是老师希望我们能健康、快乐成长的用意所在。

静静地想想，老师请家长更多的时候是因为我们犯了错误，这个时候，我们不要对老师怀有什么敌意。面对错误，我们应该接受老师和家长共同的教育。“人非圣贤，孰能无过”，每个人在成长的过程中都会出现这样那样、或大或小的错误，错误恰恰是我们最好的老师，能让我们更快地成长，而真正让我们成长的不是别人，正是既传授给我们知识，又教会我们做人的老师。老师请家长到学校，并非告状，而是想和家长一起配合起来，让我们能更好地改正错误。我们应该怀着一颗感恩的心去理解老师。

在一次期中考试成绩出来之后，不出侯晓娜同学所料，她的语文成绩不及格，41 分！这时候，侯晓娜同学心中顿然升起深深的忐忑之情，是对老师的内疚，还有对爸爸妈妈的愧疚，更多的是一种担忧。她觉得老师又要请家长来了。果然，老师让她家长下午到学校，希望能好好和家长谈谈。侯晓娜的心里忐忑不安。这种情况，实在是讨厌极了！

下午，妈妈来到学校，侯晓娜发现妈妈感到不好意思，一副手足无措的样子。因为在她心中总感觉每次老师让来学校，都没有什么好事情。然而，老师并没有直接提及关于侯晓娜的成绩这个话题，而是先向妈妈谈及侯晓娜在学校的表现，谈得非常投入，谈起她是一个遵守纪律、团结同学的好孩子，大家都很喜欢她。谈笑之余，老师才说："唯一遗憾的是孩子的成绩有些不理想，希望您能够配合一下，我们共同努力，让孩子的学习有所提高。"老师和家长促膝长谈，交流得非常愉快。侯晓娜渐渐松了一口气。从那时候开始，她才真正理解了老师请家长来，并不像自己想的那么可怕。从此，她对老师的教育方法有了正确的理解。

正确地理解和看待老师对我们的教育，是我们在学校能更好学习的一个重要问题，老师每天都要面对那么多的同学，难免会出现让我们不愉快的情况。比如当老师误会了我们时我们该怎么办？

我们应该寻找合适的机会，把事情的缘由向老师详细讲清楚，让老师了解事情的"庐山真面目"。在解释的时候，态度一定要诚恳，要平心静气，本着对老师尊重的原则，采取谅解他人的宽容态度，切不能因为内心不满而使用过激的言辞，做出不礼貌的举动。

先从自己身上找找原因。要自我检查是否做出了容易引起老师误解的言行。如果有，应"有则改之"，找到症结，并向老师说清楚，以后多加注意；如果没有，也不要随意责怪老师，而应采取积极适当的方法，消除老师的误解。

如果你的确做错了事情，只是老师的批评让你无法接受，你应该体谅老师的良苦用心，因为你们是师生关系，因为老师是关注学生成长的。这样想来，我们也就能够理解自己的老师了。当然，除了自己去对老师解释这些误会，我们也可以通过别的同学让老师了解事情的真实情况，这样也能更加平静地化解我们与老师之间的小误会，我们既不会受委屈，老师又明白了事情的来龙去脉，何乐而不为呢？

正确处理好和老师的关系，是我们将来踏上社会的基础。面对老师的赞赏和鼓励，我们应该高兴，因为老师的赞赏让我们充满更多的力量和前行的动力；面对老师的批评，我们能够从积极的方面去解读老师对自己的关爱；面对老师的激将教育，我们应该感受到他希望自己的学生快点展翅高飞的殷切期望。面对老师，我们该虚怀若谷；面对老师，我们该心怀感恩！

因此，常请家长到学校的老师，并不可恶。

成长训练

老师是辛勤的园丁，辛勤地灌溉了一棵又一棵稚嫩的幼苗，培养了一批又一批有用的人才。老师是引领我们学习文化知识的传播者，老师是指引我们快乐成长的领路人，没有哪位老师希望自己的学生在学习、生活、交际方面是失败的，老师总是把最美好的希望寄托在我们身上。我们应该心怀感恩和敬意地对待老师给我们的鼓励，也应该心怀感恩和敬意地对待老师给我们的批评。

要做到这一点，我们首先要学会记住那些鼓励与批评。在这次成长训练中，我们不妨梳理一下自己在老师请家长时的那些经历，要按照时间、地点、人物、事件、心得体会的格式，一一简要写在下面。要知道，这是你学习生涯中难得的宝贵财富。

找不到目标，好迷茫

学习目标犹如大海中的灯塔。学习如果没有目标，就如航海时没有灯塔一样，很容易迷失方向。有人曾打过这样的比喻：没有目标的学习像是饭后散步，有明确目标的学习像是运动会上的赛跑。明确、恰当的目标可以激励人勇往直前。如果我们没有一个明确的学习目标，会导致意识上的不思进取，对学习不在乎，蹉跎了时光。但是，过高的目标往往会造成压力过大，对自己要求过于严格、过于苛刻，导致好高骛远，如果目标实现不了，会出现严重的挫败感，会影响学习的兴趣。所以，确定适合自己的学习目标是非常重要的。

找不到学习目标，千万不要迷茫，静下心来，找找原因是什么。接下来，我们就一起来思考是什么原因让我们没有了学习目标。

著名画家达·芬奇，因为有着明确的学习目标，在父亲的鼓励下，最终成为著名的画家。达·芬奇6岁那年开始上学，他虽然在学校里学到很多知识，但是最感兴趣的还是绘画。有一天，他利用课余时间给自己的老师画了一幅速写，回家后得到了父亲的赞赏。于是，他的父亲在心中明确了培养的目标，决定培养达·芬奇这方面的才能。在父亲的鼓励和夸奖下，达·芬奇也发挥出超常的绘画天赋，在一次次的成功后，对画画产生了更加浓厚的兴趣，将绘画定为自己的人生目标，最后取得了卓越的成绩。

达·芬奇的成功，当然得益于他拥有明确的目标，并且，他为了目标而努力奋斗。我们的学习也是如此，要对学习有兴趣，才能自觉地制定合适的目标，为此而实现自己的理想，成就自己的人生。与兴趣相反的是厌学，厌学也是我们失去学习目标的重要原因。那么，我们该怎样克服厌学这一不良的习惯呢？

很多同学厌学的原因有很多，最有可能的一点是，家长寄予我们的期望值太高，除了在学校学习文化知识以外，他们还为我们安排了钢琴、绘画、舞蹈、跆拳道等培训班，这样大大加重了我们的负担，从而引起我们心理疲劳，产生了厌学的情绪。在这种情况下，我们一定要继续保持自己的学习积极性，自我鼓励，勤奋刻苦，调节好自己的学习和生活，使得学习有条不紊地进行，做到劳逸结合。我们厌学的原因还有可能是在学习中体验不到成功的喜悦，这很可能和学习方法有关系，所以，找到适合自己的科学的学习方法对我们的学习是有很大帮助的。当我们遇到困难的时候，要尽量克服不主动询问老师和同学的闭塞的毛病，要主动寻求老师和同学的帮助，帮助我们解决学习中遇到的难题，让他们对我们进行学习方法上的指导，提高学习效率，重新培养学习兴趣，明确学习目标。

兴趣是学生最好的老师，目标是学习最强大的动力，二者又是密不可分的。明确、适宜的学习目标可以极大地激发我们的学习兴趣，时时激励我们去努力追求，主动学习。教育学家指出，人只要还在成长着，就必须从一个目标走向下一个目标，没有明确的目标，我们的学习和成长便会停滞。而此时身边的每个人都在奋斗，都在进步，因此我们没有目标，最终便会落后于他人。没有目标的行走，既不能使行路人感到愉快，也不能激发行路人的动力，这样的行走就没有意义。学习也是如此，没有目标的学习就像在黑夜中摸索，没有终点和目的地，学习者也不会积极、主动地去寻找最适合的学习途径。有兴趣地追求我们的学习目标，是一件很快乐的事情。

找到了学习目标不明确的原因，就要正确确立切实可行的目标。在明确学习目标之前，我们应该多关注社会的发展状况。通过参加各种社会实践活动，正确地看待我们学习的价值，认识到学习对于我们的重要性，了解个人学习在社会发展中的重要意义，从而能将自己的学习目标确立在社会发展这片肥沃的土壤里，通过努力，更好地实现更为远大的目标。当然，设置学习目标的时候，一定要适合自身的发展。

我们还要学会把大目标分解成小目标。学习目标如果过于遥远和庞大，往往难以激励我们即刻采取行动去实现。因此，我们要学会把大目标分解成一个个小目标，最好具体到每一天需要完成的目标。比如我们想要学好数学，这是一个长期的目标，那么具体到每一天的目标是什么呢？那就是学习完每一节新知识都要进行总结，并且做适当的习题来巩固知识。没有小目标的实现，大目标就失去了支撑。我们要在确立远大的理想后，从小目标开始做起，能够时常感受实现小目标是通往远大理想的必由之路，每实现一个小目标就是在通往成功的阶梯上又上了一级，以此激发我们学习的强大动力。

目标确定了，最主要的是要坚持到底。如果缺乏坚强的意志力，那么再好的学习目标也不过是镜花水月。

楠楠今年读初一，但她是个缺乏耐心的女孩。她每个学期都会为自己设立许多学习目标，但是许多目标都被她中途放弃了。一星期前，楠楠制订了一个学习 500 个英语单词的学习目标，每天的学习目标是 10 个单词，每星期 50 个单词，星期六和星期日用来复习。但是这个目标确立不到两天，她就开始抱怨：“我的功课太多了，这个学习目标对我来说太不符合实际了。”父母鼓励她：“一天 10 个单词，只需要半个小时的时间。只要你坚持下去，一定可以做到的。”后来，在爸爸妈妈的鼓励下，她终于坚持下去并顺利实现了学习 500 个英语单词的目标。

我们在学习中，一定要有顽强的意志力，不能半途而废，要把实现学习目标付诸行动并坚持到底。

实现我们的目标，贵在坚持不懈的努力！

成长训练

适当的学习目标就像黑夜中闪亮的灯塔，它让我们时刻感觉到希望与信心，从而激励我们不断地克服学习上的困难，直至到达成功的彼岸。

在这次的成长训练中，我们来尝试制订一个目标。这是关于你的一个最想实现的理想。你总会有一个最迫切需要实现的梦想吧。假如你现在最想在爸爸妈妈的结婚纪念日送一份礼物，那么，需要怎样从赚到购买这个礼物的钱到购买再到赠送一步步实现这个目标呢？请详细写下来，然后按照计划一步步去实施。从这个计划中，你会学习到学习目标的制订方法和实现方法。

什么样的学习方法才是最好的

提起学习方法，很多同学都非常迷茫。想找到适合自己的学习方法，首先要知道学习方法的含义。那么，什么是学习方法呢？

学习方法是我们在学习和运用知识的过程中采用的各种各样的方法和技能。比如在学习数学时，要恰当地运用思维方法、记忆方法；在学习语文时，要正确运用阅读方法、理解方法等。各种学科的方法虽有所不同，但也是相通的。

笛卡尔说过："没有正确的方法，即使有眼睛的博学者也会像瞎子一样盲目摸索。"这就告诉我们科学的学习方法对于我们学有所成是多么重要，好的学习方法是提高我们学习效率的关键因素，好的学习方法一定会符合我们这个年龄阶段的认知规律。科学的学习方法是学习中的正确向导，是开启智慧大门、知识大门的金钥匙，方法比知识更为重要。

肖捷是一名初中二年级学生，他在学习上踏踏实实、埋头苦干，还经常挑灯夜战，但是他的成绩并不理想。这是什么原因造成的？仔细地分析一下才发现：在学习的时候，他没有自己的学习计划，掌握知识不系统；他只学习老师讲的知识点，只完成老师布置的作业，缺少学习主动性，不能积极去探索课外知识，这就大大缩小了知识面，学习很是被动。课下虽然很刻苦，但是不会合理安排学习时间。也就是说，肖捷属于不会合理安排利用时间的学生，属于那种"读死书"和"死读书"的学生。还有，在刚学完知识后，应该赶快利用充足的时间“温故而知新”，但是他却不这么做，而是忙着去涉猎其他的知识，由于是浅尝辄止，没有真正弄明白，等到日后再遇到这些知识的时候，又感到很陌生，还要重新学起。

事实上，每个人的智力水平是没有太大差异的，学习成绩的差异，只能说明学习方法出现了问题，因此，正确的学习方法是我们到达成功彼岸的重要途径。

古人常说：“凡事预则立，不预则废。”意思是不论做什么事，事先有准备，就能得到成功，不然就会失败。我们在做一件事的时候，也会感同身受，如果做事情之前明确了目的，根据情况进行预测分析，一步一步安排好方法步骤，事情一定会非常顺利，效率很高；相反，则会手忙脚乱、乱了方寸。我们学习也是一样的道理，在学习之前，一定要制订合理可行的学习计划，因为计划是实现学习目标的蓝图，计划能够让我们更好地自我控制、自我管理，减少时间的浪费，提高学习效率。制订学习计划的目的，是希望通过确定学习目标，合理地安排学习时间，从而提高学习成绩。

那么，学习计划应该怎么制订才好？

制订学习计划时，既要突出重点，又要全面，还要与班级计划相符合，脑力和体力相结合，学习和其他活动安排应合理。

有了计划，接下来就是实施计划。实施计划的时候，要定期检查，注意效果，不合理的地方及时调整，切莫纸上谈兵。那么，学习计划应该怎么执行？

预习新课是执行学习计划的第一步，预习在学习中是非常重要的方法，预习能让我们在自己的思考中实现新旧知识的衔接和初步联系，能初步明确新课程的学习目标、学习内容和知识重点及难点，为上课做好准备。

预习时，要遵循学习的自觉积极性原则。自觉积极性原则是指学生利用良好的外部学习条件，充分发挥主体作用，自觉积极地进行学习，并对学习持有认真钻研的精神，从而当好学习的主人。预习时，要浏览教材上罗列的知识点，初步了解教材的内容。要做到心到、眼到、手到，将认为是重点的知识，或自己不懂的知识点圈圈点点。在预习过程中，还可以在书上的空白处写上自己的体会或者内容提要，这样有助于听课的时候有的放矢。如果时间允许的话，可以做些与预习内容相关的习题来检验自己的预习效果，看看自己的理解能否将新的知识运用到解决问题中。

除了上面提到的课前预习，还有学期预习，即开学前，利用假期对下一学期的学习内容进行全面系统的了解，做到心中有数，并联系以往的经验教训，结合自己的特点，采取相应措施，制订学期学习计划；阶段预习，即在某一阶段的学习之前用比较完整的时间预习，从整体上了解学习内容，明确阶段学习的目标和重点，思考如何学习的方法。阶段预习一般利用晚上的自由学习时间和节假日（包括双休日）进行。

当然，在预习的时候，要根据不同的学科，选择不同的预习方法。

课堂听讲是我们学习的中心环节，也是最重要的一环，只有抓住这个中心环节，才能使自己在学校的学习获得好成绩。获得知识、发展智能主要靠上课听讲。我们上课的状况如何，直接影响着自己的学习质量。如果我们在上课的时候，能和老师密切配合，思路和老师一致，一般说来，是能够取得良好学习效果的，智能也会得到很好的发展。因此，课堂是我们学习的主要阵地，认真听讲是课堂中最需要做的事情。

认真听课时，我们要遵循学思结合原则。学思结合原则是指能充分发挥思维器官的作用，积极地进行思考，能动地进行学习。既然是学思结合，必定学中有思，思维能力才能得到锻炼和发展；思中有学，学习的知识才能融会贯通。学与思，两者不可分割，学思结合，才能深刻理解、牢固掌握知识，发展智力，培养能力。这一原则落到实处，便是在课堂上要专心致志、全神贯注地听讲，做到自己听课的思路和老师讲课的思路保持一致，将思考的结果，形成文字整理在学习笔记上，这样的听课效果会很好。整理笔记时，可以记一些自己认为很重要的知识点，也可以是学习中遇到的不理解的问题，还可以是学习心得。

做作业一般是指我们根据老师的要求，在学习后或课后完成的最直接的学习任务。作业是检验课堂听课效果的有效途径，也是将学到的知识运用到解决问题的过程，是我们巩固所学知识、提升能力、训练技巧的方法。在做作业的过程中，我们能够准确判断自己的学习水平。

学习的方法有很多。然而，最适合自己的方法才是最好的方法。我们在学习的过程中，要多向老师和同学请教，学习别人的科学方法，再结合自己的实际情况，寻找最适合自己的学习方法。当我们找到适合自己的学习方法后，学习就会游刃有余，学习成绩就会扶摇直上。

成长训练

科学的学习方法非常重要，适合自己的学习方法可以事半功倍。在学习过程中，要不断总结好的学习方法，这能帮助自己解决问题，用最短的时间达到最好的学习效果。

在这次的成长训练中，我们训练的是一种选择方法的思维，通过这样的训练，你可以在其他方面举一反三地应用。假如你的面前有一条很深很宽的河，你的目标是过河。现在，请你想出 5 种以上的过河方法，分别论证其可行性，最后选择一个最经济、最实用的方法。

我就是没兴趣，如何是好

爱因斯坦说过：兴趣是最好的老师。兴趣，是一个人走进成功大门的金钥匙。学习也是这样，学习缺少了兴趣，就缺少了动力，失去了方向。

任勇同学在1985年全国赴美物理学研究生考试中获得第一名，他对学习兴趣有着深刻的体会和独到的理解。他说："兴趣在学习上起很大的推动作用，我对物理学的兴趣就是在中学读课外书时培养成的。"读中学的时候，因为对读书有着浓厚的兴趣，任勇认真地读过爱因斯坦、英费尔德合著的《物理学的进化》、盖莫夫的《物理世界奇遇记》，还有《量子史话》、《原子物理学和人类知识》等，这些书籍给他留下了深刻的印象，也为他的发展明确了方向。他曾经说过："这些书中，那些动人的情节、优美的文笔、简练的数学和高深的哲理给我留下了终生难忘的印象，以至于我在报考大学的时候，全部志愿填的都是物理系。直到今天，我的兴趣一点也没有改变。"

例子中的任勇同学，能在物理学方面取得优异的成绩，得益于他对物理的浓厚兴趣。可见，兴趣能引领我们努力的方向，并在这个过程中促使我们克服很多困难和障碍。我们可以想象任勇在阅读这些有关物理方面的书籍时，他付出的辛勤和汗水，但是，因为兴趣的存在，他从不言弃，这一坚持成就了他的愿望，成就了他的一生。

如何培养学习兴趣？这也是我们很多同学最为关心的话题。

兴趣是我们的目标达成的动力，是我们坚持不懈努力的前提，要想实现自己的目标就必须拥有一种积极的态度，积极的态度是培养学习兴趣的基础。任勇同学虽然对物理很感兴趣，但是物理也不仅仅是一个孤立的学科，还与代数、几何、语文等多个学科都有着密切的联系，因此，他不能只去学习自己最感兴趣的物理，而是要用积极的态度，充满兴趣地学习与之相联系的其他学科，这样才能更好地学习相关的物理方面的知识，才能系统地掌握知识。比如当我们手捧一本书，一本我们必须要读的书的时候，这时一定要在心里暗示自己——这是一本非常有趣的书籍，一定要坚持读下去，相信会收获很多。在读书、学习的过程中，要创造性地用一些感兴趣的方法，增强学习内容的趣味性，这样不仅获得了解读书籍的方法，还能培养学习兴趣。

我们还可以用已有的知识来增强学习兴趣。知识都是有连贯性的，当我们遇到新的知识点时，一定不要着急、慌乱，感觉头脑变大，无从下手，我们可以慢慢地在大脑中理清知识框架，将与之相关的已有的知识经验提取出来，巧妙地分析问题，从而解决面对的这个新问题。这样，我们就能体验到通过努力后成功的喜悦，体验到学习知识的无穷乐趣，增加学习的信心，学习起来就会更加充满兴趣。

在学习中，只要我们努力了，都会有或大或小的进步，面对自己的进步，一定不要吝啬对自己的赞赏，因为赞赏是培养学习兴趣的最佳手段。在学习中，可以根据自己的学习情况和学习能力确定适合的目标，这个目标要切实可行，既不是太浅近，又不至好高骛远，这样有利于自己经常感受到进步的点点滴滴，以鼓励自己，因为这样心理上会有一种满足，有一种愉悦，有一种对自我的认可和成就感，从而很好地提高自己的学习兴趣，使各门学科都能在自己的兴趣之中、努力之下获得进步！

亚楠是个很聪明的孩子，但是学习成绩不够稳定，主要是因为她情绪容易冲动，对任何功课的学习兴趣都不能很长时间地保持，学习目标也因兴趣的转移而变化，学习的知识不够系统。为此，她心里很是难过，也非常想解决这个问题。于是，她找到了心理咨询老师，说明了这个情况。老师告诉她："一个人要想在学业上有所成就，必须有长期的努力，但是努力的前提是有浓厚的学习兴趣。"

亚楠急切地问老师："老师，我怎样才能保持浓厚的学习兴趣呢?"

"保持浓厚的学习兴趣，只要掌握正确的方法，就非常简单了，老师相信你一定能够做到。"随后老师给她讲了许多培养学习兴趣的方法，让她从中受益匪浅。此后，亚楠同学因为逐渐培养出了学习兴趣，她的学习成绩慢慢地提高了。

那么，怎样才可以培养浓厚的学习兴趣呢?

首先，要学会和别人分享自己学习上的乐趣。学习尽管充满了艰辛，充满了枯燥，但也不缺乏乐趣，在学习中要善于发现其中的乐趣，比如通过读《水浒传》这本书，我们会发现书中的人物各有各的形象特点，各有各的性格特点，并不只是单纯枯燥的文字。在学习中善于结交能谈得来，有共同志向和兴趣相近的同学，这样可以一起商量制订可行的学习计划，可以一起听课，一起解决难题，最重要的是能在一起分享学习的乐趣。这样才能更好地保持浓厚的学习兴趣。

其次，不断确立小的目标，感受自己每一次的进步。只要我们在学习中能够每天都有进步，哪怕只是点点滴滴的进步，也是值得高兴的。每次进步之后，要不断树立新的目标，引领自己不断向前进步。在某一阶段学习结束后及时地进行总结，并与以前比较，自己便能感觉到进步，这样便使学习的兴趣得以持续。

成长训练

只要对学习有着浓厚的兴趣，我们看到的便是学习中无限的乐趣，即使学习的过程中有时候会感到疲倦和辛劳，也总会兴致勃勃、心情愉悦；即使困难重重，也绝不会丧失斗志，而会千方百计地克服所有的障碍。

在这次的成长训练中，我们来寻找一下自己的兴趣到底有哪些，除了学习方面的，生活方面的也可以，比如对绘画感兴趣，对舞蹈感兴趣，等等。那么，请罗列出你感兴趣的所有事物，然后按照最感兴趣、很感兴趣、有点兴趣进行分类，一一列在下面的空格里。抽空就看一看，想想应该怎么对待这些感兴趣的事。

记不住该死的单词，记不住可恶的公式

有很多同学抱怨记不住那些该死的单词，记不住可恶的公式，常常觉得自己的记性不好。其实，大部分人大脑的记忆功能相差不大。实际记忆之所以有差异，是因为各人对大脑记忆的规律和提高记忆能力的方法掌握多少不同的缘故。面对学习中这样的困惑，我们不必有太多的纠结，应该理性地分析，找到克服困难的方法，只有这样才能取得可喜的成绩。

记不住单词和公式，我们可以归结为是记忆方面的问题。记忆是人脑对过去经验的反映，包括识记、保持、再认与重现四个过程。我们对过去感知过的事物、思考过的问题、体验过的情绪与情感、做过的动作等，都可能保存于头脑中，在合适的情境、需要的情况下，会从记忆中提取出来。从记忆保持的时间角度来看可分为瞬时记忆、短时记忆、长时记忆。从主体的参与角度来看可分为无意记忆和有意记忆。了解记忆相关的知识，我们才能更好地帮助自己。

记忆并不是最后目的，它只是一种手段，记忆的目的是储备认识问题和解决问题的能力。我们在平时学习中掌握的知识、方法和技巧，都是要靠记忆来储存并提取的，所以说，记忆是知识的宝库，智慧的背囊。在使用时能否正确地调度和应用记忆，直接决定考试成绩，决定实践效率。记忆力强的同学与记忆力差的同学相比，势必是有很大差距的，所以，在学习过程中，记忆是非常重要的智力因素。

李昊是一名初中二年级的学生，他曾向自己的班主任老师倾诉，学习英语时记忆单词太难了，总是记不住，即使记住了也不能保持很长时间，很快就忘记了，这么枯燥的英语学习，真是一种折磨。可是，英语在考试中又是非常重要的一门主科，如果学不好会直接影响学业成绩，将来就很难在社会上立足。可是他想了许多方法，怎么也记不住这些可恶的英语单词，难道是自己太笨了？他对自己都没有什么信心了。李老师告诉他，不要焦虑，更不能丧失学习英语的信心，这是没有掌握好记忆单词的方法造成的。

听完李昊记忆英语单词的经历，可知记忆力是他在学习英语时候的最大问题。老师的观点是正确的，不是他不聪明，而是没有正确地掌握适合自己的记忆方法。所以，就要好好培养记忆力。首先，一定要坚定能学好英语的自信心。自信心是一个人相信自己的愿望一定能够实现的一种心理状态，自信心是一个人努力实现目标的力量和源泉，是通往成功之路的前提。学习也离不开坚定的信心。其次要纠正自己不正确的态度，比如李昊不应该认为自己是一个很笨的学生，应该鼓励自己，在学习英语这个问题上，树立正确的学习目标，并能拥有一种战胜一切困难的学习毅力。

记忆英语单词有很多的方法，我们看看下面这些方法是否能够对你有所启发。

逻辑记忆法：是指通过词本身的内部逻辑关系、词与词之间的外部逻辑关系进行单词记忆。可以把几个字母看做一个来记，如：“ight，light，right，fight，night，might”可以结合起来记忆；外旧内新，如：bridge“桥”看成 b + ridge，“山脊” sharp 看成 s + harp “竖琴”；外新内旧，如：cleave“劈开”看成 c + leave，tact“机智”看成 t + act。

分类记忆：把单词分开门类，如动物、植物等，进行分类记忆。你可以找一本分类字典作为参考。

卡片记忆：自制单词卡片随时随地记单词，卡片写上单词的词形、词性、词义、音标、搭配、例句等。

感官记忆：记单词时，不要只用一种感官，尽可能地用多个感官，耳听、口读、手写、眼看、心记等。

联想记忆法：是指人为地找出或建立某些材料之间的联系来帮助记忆。如记忆单词“gas”（气、煤气），可以联想到“煤气中毒，该死”，这样既容易记忆，印象又特别深刻。

看了这些方法，相信一定能够帮助在英语学习中遇到困难的李昊，也一定能帮助我们每一位同学。

记忆方法的重要性在公式的记忆中也有着非常重要的意义。

王琦今年读初中二年级，每次考试她的心里总是忐忑不安，当成绩出来时，就是她的“苦难日”。她纠结于数学成绩的不理想，老师总是喜欢说一些成绩不好拖了班级的后腿，给老师丢人、给班级抹黑等抱怨的话，还说一些“笨死了”、“榆木疙瘩”等打击人的话。其实，王琦也很想学好数学，但是不知为什么总是学不好。一些数学公式背后很快就忘了，更谈不上运用自如了。她经常感叹：哎，怎么办好啊？

在我们学习的时候，有相当一部分内容全靠机械式的记忆。比如：公式、年代、常数、字母、元素符号、地名等。数字特征记忆法中，我们可以尝试用以下几种方法。

谐音记忆法：如圆周率的数值为3.14159，可依谐音背成“山巅一寺一壶酒”；3.1416，可依谐音背成“山巅一狮一鹿”。

拆拼记忆法：如要记住圆周率的分数表达式，这里只有自然数最前面的三个数1、3、5，每个重复一次，就变成了113355了，拦腰截断，就是113、355了。

运算记忆法：如李时珍在1578年写成了《本草纲目》，这1578年可用加法运算，记为15 =7 +8；万有引力常数1/15000000，后面究竟几个0，常常容易错，可是无巧不成书，用加法运算1 +5 =6，正好是6个0。

每个人都有自己的学习方法、记忆方法，重要的是面对学习中遇到的困难，我们要勇往直前，用智慧克服学习上的困难，实现自己的目标。

我们要记住，为了记忆而记忆，远没有为了应用而记忆的效果好。

成长训练

科学的学习方法，能够提高我们的学习效率，有效的记忆方法更是我们实现目标的有效途径，总结出适合自己的学习方法，一定能事半功倍！

这次的成长训练，是请你将自己独家掌握的记忆的方法写出来，跟大家一起分享，可不要吝啬哦！大家都贡献出独家“秘诀”，互相学习，才能让“秘诀”发挥最大力量嘛！

没有效率，那么多东西啥时候能学会

很多同学在学习中经常会遇到这样的问题——虽然努力了，但是学习成绩没有明显的提高，或者根本就没有达到预期的学习目标，学习没有什么效率。这让他们感到很困惑。

学习效率对我们中学生的重要性无须赘言，学习效率是对学习者专业水平和身心素质发展的综合评价，而且特别强调如何以最少的时间、精力的投入，获得最多的学习成效，包括获取知识，发展能力。学习效率究竟与哪些因素有关呢？其实，学习效率的高低，与学习动机、学习习惯、学习方法和时间安排有着密切的关系。

动机是需要的动态表现，是由人的生理和社会需要所引起的一种心理状态。学习动机是推动我们学习活动的内在力量，一个人只要有强烈的内在学习动机，就犹如一块永远沐浴在阳光下的太阳能电池，能不断地激发内在的学习动力，保持着浓厚的学习兴趣，注意力能够高度集中，散发出浓厚的学习热情，迸发出强大的学习力量，战胜学习上的各种困难，各方面都能达到最佳状态的发挥，从而取得理想的学习成绩。

学习动机不足主要表现为：学习独立性差，缺乏创造性，依赖心理太强；学习行为懒散，上课不能主动听课，贪玩，不愿意完成作业；课堂注意力不集中，容易分心，不能集中精力思考；学习方法不当，不愿意积极寻找适合自己的学习方法。

李华正在读初中二年级，他的基础知识很差，从进入初中的大门开始，语文、数学、英语考试成绩经常出现不及格的现象，并且他对老师和同学的态度都非常冷淡，学习兴趣淡薄，从来都不去主动学习，上课时精力不能很好地集中，听课时候懒懒散散，哈欠不止，从来没见过他主动举手回答问题。作业方面，他不能积极主动完成作业，书写也马马虎虎，不论是会的题目，还是不会的题目，都不认真对待。

上述例子中的李华，就属于缺乏学习动机的同学。他这样的情况，需要老师、家长和同学的耐心帮助、鼓励。

在学习动机不足的情况下，我们应该主动寻求老师和伙伴的帮助，当我们能真正感受到老师关心自己、喜欢自己的时候，我们也会喜欢上老师，进而把对老师的深厚感情化作学习的动力。

我们还要主动和同学们交流，争取他们的帮助和关心。班级是一个温暖的大集体，只有得到同学们的尊重和关爱，我们才能感受到来自这个大家庭的温暖，从而喜欢上这样的环境，喜欢上学习，主动去探寻知识。学习的主动性是提高学习效率的动力，当我们有了明确的目标和科学的方法，加上积极主动地学习，我们的学习效率一定会提高的。

俗说话："好习惯使人受益终生。"学习效率不高虽然有多种因素，但不良的学习习惯一般是影响学习效率的主要原因。美国的萨克雷有句名言："播种行为，可以收获习惯；播种习惯，可以收获性格；播种性格，可以收获命运。"可见，习惯在人生中是多么重要。学习习惯对于我们中学生来说更为重要。养成良好的学习习惯，不仅有利于掌握科学的学习方法，还有利于提高学习效率，有利于我们的成长。

学习习惯包括自主读写习惯、总结归纳习惯、观察思考习惯、切磋琢磨习惯、解题反思习惯等。那么，怎样向学习习惯要学习效率呢?

首先，要养成集中精力听课的良好习惯。兴趣是我们最好的老师，有了浓厚的学习兴趣就能很自然地集中精力，不至于上课时注意力开小差了。精力集中了，学习效率也就提高了，因为学习的有效时间增长了，无效时间减少了。

其次，要养成按时完成作业的习惯。作业是对课堂所学知识的巩固、积累与运用，按时完成作业对学习效率的重要性不言而喻。当堂的作业一定要当堂完成，当天的作业必须当天完成，绝不能拖到明天、后天。

最后，学习态度一定要严谨，不能马马虎虎、粗心大意。这样做会减少返工重来的可能性，自然提高了学习效率。

科学的学习方法也可以提高单位时间内的学习效率。

合理利用时间也是影响学习效率的重要因素。

当然，学习效率高低还有其他原因，需要我们在不断地学习过程中，总结方法和经验，争取获得更高的学习效率。

成长训练

在这次成长训练中，是要你养成向别人请教问题的学习习惯。请分别向你的同桌、班上学习最好的同学、学习最差的同学还有老师请教一个问题。然后写出自己的感受和收获，看看哪种请教方法最有学习效率。

优秀孩子都熟悉的 5 大妙招

每个同学都希望自己成为一名学习优秀的学生，这样的愿望也不是没有可能实现。每一份优秀成绩的呈现，都不单单是智力因素的作用，还是很多的非智力因素的综合效果，如方法好、兴趣浓、信心足、动机强、毅力强等。我们可以将优秀孩子的成功总结为以下 5 大妙招：

第一大妙招是目标明确，求知欲强。

这是优秀孩子熟悉的 5 大妙招之一。学习优秀的同学，都有着明确恰当的学习目标。

故事说的是在西撒哈拉沙漠中有一个小村庄比赛尔，它在没有被发现之前，还是一块贫瘠之地，那里的人没有一个走出过大漠。据说不是他们不愿离开那儿，而是他们尝试过很多次都没能走出去。当一个现代的西方人到了那儿，听说了这件事后，他决心做一次试验。他从比赛尔村向北走，结果三天半就走出来了。经过此事，他终于明白比赛尔人之所以走不出大漠，是因为他们根本就不认识北斗星，没有辨别方向的本领。因此，他告诉当地的一位青年，要想走出大漠，只要白天休息，夜晚朝着北面那颗星走，就能走出大漠。那个青年照着他的话去做，三天后果然来到了大漠边缘。青年人也因此成了比赛尔的开拓者，他的铜像被竖在了小城中央，铜像的底座上刻着一行字：新生活从选定目标开始。

这个故事能给我们带来深刻的启示，引发我们深入地思考。

当我们有了明确的目标，内心的力量才会找到方向，才能有更强烈的求知欲督促我们努力向前。而那些目标明确、求知欲强的人，往往是优秀的。

第二大妙招是方法得当，事半功倍。

大量实例证明，能在学习上取得优秀成绩的同学，都有一套适合自己的正确的学习方法。他们在学习中，能及时有效地管理自己的学习，不断总结学习经验，形成一套属于自己的行之有效的学习方法，并且能够随时改进和完善这些方法，从而获得学习上的不断进步。

正确的学习方法包括制订合理的学习计划和坚定不移地执行这个计划。

第三大妙招是充满自信，独立性强。

学习就要充满自信，独立去获取知识。自信心是一个人相信自己的愿望，或者预想一定能够实现的一种心理状态，也是一个人自我意识的重要组成部分，自信是做任何事情的力量和源泉。建立自信要从相信自己、赏识自我做起。正确认识和评价自己，看到自己的长处时，要多多给予赞赏；看到自己的短处时，不要气馁，相信自己一定能行！及时主动地认识和调整不现实的学习目标，目标要适中，不能过高，也不要过低。学会微笑，微笑使人倍感亲切，能缓解紧张，建立自信。

第四大妙招是努力勤奋，解决疑难。

努力勤奋是积极自觉的意志品质，是通向成功的桥梁，达到辉煌的阶梯。努力勤奋的同学，学习完全处于一种自觉状态，能自觉地制订学习计划，确立学习目标，主动完成学习任务，为实现目标发奋努力。

在学习的时候，要充分发挥自己的内在潜力，克服所有困难，为实现目标不遗余力地努力奋斗。良好的情绪是努力得以实现的最佳状态，反之则影响努力的发挥。努力不是一味地“一条路走到黑”，不是所谓的苦学，而是要找到适合自己的学习方法；勤奋也要讲求科学方法，正如同解决疑难问题需要科学方法一样。

第五大妙招是习惯良好，积极进取。

良好的学习习惯，不仅可以帮助你获得期望的成绩和分数，还可以使你受用一生。那么，良好的习惯包括哪些呢？

首先是一心向学的学习习惯。一心向学的同学善于利用时间，能巧妙地利用时间积累知识，还能充分调动潜意识的作用。一心向学的头脑便是有准备的头脑。如瓦特为什么从普通人用来烧开水的水壶得到启示，发明了蒸汽机；鲁班为什么从一片普通的树叶割伤人的手臂发明了锯子；一个熟透落地的苹果为什么让牛顿发现万有引力定律。看来普普通通的事物，可以在人们的脑海里激起波浪，具有一心向学头脑的人有所想有所感，于是他们都能有所成就。

其次是专心致志的学习习惯。专心致志是要明确一段时间的学习重点而不分神。在这段时间，我们必须紧紧围绕这个学习内容安排活动，一切与学习重点相悖，乃至不相关的事情都应该尽量避免。上课要全神贯注地听，作业要聚精会神地做。

再次是认真思考的学习习惯。认真思考的学习习惯，有利于提高学习效率，有利于培养人的能力，尤其有利于增强人的创新能力。认真思考的学习习惯，可以加深对知识的理解和记忆，有利于对书本知识批判地吸收，使人在思考过程中可以不断解开疑团，激发灵感，从而有所发现，有所创造。

当然，作为一个优秀的孩子，一定不会仅有这五大妙招，但拥有这样的素质，你一定也是一个优秀的学生。

成长训练

谁都有可能成为优秀的学生。能成为优秀学生的途径有很多。但是，一个优秀的学生一定会拥有这篇文章中提到的五大妙招。在这次成长训练中，就是请你在下面的空格里总结一下，你有没有这五个妙招？除此之外，你还拥有哪些独家妙招？

尖子生的8大看家本领

在班级里，我们常常听到老师和同学们提到“尖子生”这三个字，这是班级里部分学业优异的同学的专属称号。这些同学有着高水平的智力、创造力、领导能力和交际能力，最显著的特点是在每门功课的学习中都表现得特别优秀。他们有着超强的计算能力、阅读能力、口语表达能力、审美能力等，并且还有着极强的求知欲望，不满足于课本上的知识，更多的是从课外书中摄取知识和技能，对学习充满兴趣。在学习过程中，他们往往观察力敏锐，思维敏捷，遇到困难能积极进取，从不轻言放弃，有着坚强的意志力。

那么尖子生在学习中表现得如此优秀，究竟有哪些看家本领呢？

学习知识，不是单纯地听老师在课堂上机械地讲授，课前有效的预习非常重要，预习好了，能起到事半功倍的效果。因此，“有效的课前预习能力”是尖子生的看家本领之一。

预习是我们在上课前进行的准备性学习，预习有助于我们整体把握课堂内容，明确知识重点，找出自己认为的学习难点，带着这些问题听课，目的更加明确。预习是对知识的一种独立探索，这种探索的收获与在老师指导下激发出的领悟力，存在着很大差异，这是主动与被动的差异，是思考与接受的差异。老师一再强调的课前预习，实际上就是要培养和提高我们独立探索的领悟力。既重视课堂学习，又重视课前预习，就能变被动接受为主动学习，提高学习的效率。在学习过程中，有很多同学受益于课前预习。

19 岁去英国攻读博士学位的韩丽娜同学，在总结自己的学习经验时，和大家分享了她预习的诀窍。她每天完成作业，巩固完老师每次讲解的知识之后，都要将第二天要学习的新知识，用自己喜欢的方法进行预习，整理出知识点，记住重点和难点，分别整理在自己的预习本上面，这是她的课前预习。为了让预习更系统一些，她会利用假期时间，把新学期要学习的课程自学、预习一遍，为新学期的学习打好基础，这是她的学期预习。

我们看例子中的韩丽娜同学，她的预习安排在每个学习的环节，有课前预习，也有学期前的预习，让我们受益匪浅。每个尖子生都有一套适合自己的预习方法。

有人说："中学生不把上课作为学习的中心环节来抓，那就是捡了芝麻丢了西瓜。"可见，课堂上能够集中精力听课对于中学生来说是多么难能可贵啊！有一份很强的课堂听课能力也是尖子生的看家本领之一。

听课是学生学习过程中最为重要的中心环节，在课堂上一定要集中精力认真听老师讲课，特别要注意老师在课堂上开头讲的内容，因为一般情况下，在课堂开始，老师向我们讲解的都是对上节课要点的概括、总结。在每节课结束之前，是本节课讲授的重点知识的概括、总结。一定要跟随老师的讲课思路。在课堂上善于动脑，积极思考，随着老师讲课的思路，随时做好回答老师提问的准备。在听课的时候，要敢于提问题，对于自己不明白的问题，敢于提出来，敢于质疑老师，质疑同学。要做课堂的主人，积极参与课堂内的学习活动，认真参加同学之间的讨论。还要学会做好笔记，一般在笔记中要记住老师在黑板上罗列的知识提纲、知识重点等，记自己认为容易混淆、理解不深的题目。

听课结束了，就到了对知识的巩固和复习环节，拥有巧妙的复习方法，也是尖子生的看家本领。根据艾宾浩斯提出的先快后慢的遗忘规律，大脑中所储存的知识一般情况都是在识记后两三天内遗忘速度最快，遗忘的数量也最多，基于这个原因，我们对待新知识的方法就是及时复习，提高学习效率。复习的时候，要争取时间早复习；要注意复习的方法要科学，一定要注意将知识系统化，把学科之间的知识融会贯通；要先明确知识点，然后再做相关题目，在题目训练的过程中更好地复习相关知识。

有着较强的作业解题能力，也是尖子生的看家本领之一。作业，是对课堂知识点的巩固运用与拓展提升，只有通过作业我们才能准确判断自己的学习水平，为接下来的学习提供依据。做作业的时候，一定要注意审清题意。审清题意是作业正确与否最重要的一步，如果题意不清，结果可想而知。答题的时候，要明确思路，有的题目要逆向思维，有的题目适合正向思维；要保质保量，确保效率和速度。作业做完了，要认真检查，检查方法可以是疑难检查法，也可以是重点检查法，还可以用重做法。

从能力的角度来讲，实践动手能力和接受知识的能力具有同等重要的地位。有着较强的实践动手能力，是尖子生看家本领之一。对于我们中学生来说，最常做的是老师布置的实验课，学校提供实验装置、器材，由学生自己在学校的实验室操作。在实验的操作过程中，首先要坚持观察的客观性，观察要真实正确；其次要坚持测量的准确性；第三要坚持观测时的积极态度，融入自己的思考。

“灵活的应考能力、超强的记忆力、对时间合理分配的能力”，这些都是尖子生所具备的看家本领。

综上所述，我们梳理出尖子生的 8 大看家本领，分别是：有效的课前预习能力、很强的课堂听课能力、巧妙的复习方法、较强的作业解题能力、实践动手能力、灵活的应考能力、超强的记忆力、对时间合理分配的能力。

成长训练

想做一个尖子生并不难，只要我们能够拥有这 8 大看家本领，就一定能实现自己心里的目标，在学习中不断找到不足的地方，及时纠正改进，从而跻身尖子生的行列！那么，在这次的成长训练中，让我们来梳理一下自己已经拥有了几大看家本领，一一罗列在下面，时常看一看，已经拥有的继续加强，尚不具备的努力培养。

第三章

人际关系不复杂，人见人爱有技巧

老师，我不是不喜欢你

我们在学校的学习生活中，最主要的交往对象除了同学好友，还有辛勤培育我们的老师。师生关系是我们在学校关系中的重要关系之一，所以，我们对这份关系寄予了很高的期望，一旦这份关系有所挫折，对我们的伤害就会很大。

张朔华，现在就读初中三年级。有一天放学刚回到家，他就对妈妈说："妈妈，我不想再去上学了。"妈妈很是着急，经过交谈得知，原来是他怀疑英语老师对自己有偏见，和老师在课堂上发生了冲突。很长一段时间以来，老师的一个眼神、一个动作都让他感到老师对自己有很深的偏见。妈妈连忙劝解道："老师是传授知识给学生的，他怎么可能会对自己的学生有偏见呢？是不是因为你的学习成绩不太理想，你自己瞎想的啊？还是你对老师有什么误会？"他仔细想了想，觉得妈妈说得似乎也有道理，"是啊，妈妈，每次说英语成绩的时候，我总感觉老师说到我的成绩时，声调和对其他同学的不一样，我觉得他是有意在嘲弄我，所以我对他意见很大。我也想学好英语啊。"妈妈继续引导："孩子，你觉得老师帮助过你学习吗？好好想想。""有啊，好几次呢，他把我叫到办公室，耐心地给我辅导我不懂的英语语法。""就是啊，孩子，多好的老师啊，多看老师的优点，老师是希望每个学生都能好好发展的。他不会对任何一个学生有偏见的。"张朔华听了妈妈的话，不好意思地低下了头。

案例中的张朔华，正是在与老师的相处中遇到了问题，所以对老师产生了误解，如果没有妈妈的及时引导，他很有可能会因为这份对老师无端生起的偏见，影响到对这门功课的兴趣，影响了学习成绩。

在学校里，我们和老师发生冲突是经常的事情，因此，怎样和老师相处，是我们需要思考和解决的问题。

首先，我们要尊重老师，尊重老师的劳动。

只有尊重老师，才能与老师建立良好的师生感情。在与老师交往的过程中，要学会赞扬老师的优点，尊重老师辛勤的劳动。当老师上课的时候，要集中精力听课，不要随便交头接耳地说话，这是最起码的尊师重教。让老师体验到自己的教学价值，这样才能让老师感到欣慰和幸福。我们应该在行为上养成良好的尊重师长的习惯。比如见到老师应主动问好；未经老师允许不能进入教师办公室；教师节时给老师送上一句温馨的祝福等等。人与人之间的交往是相互的，只有懂得尊重老师，多看老师的优点，学习老师的长处，才能得到老师的尊重和喜爱，使得自己在与老师的相处中处于有利的地位。

其次，我们要勤学好问，虚心请教问题。

每个老师都喜欢肯动脑筋的学生。请教老师问题的时候，一定要虚心、谦逊，因为向老师请教问题往往是师生间交往的重要一步。为了能够系统地掌握知识，每当遇到不会的问题时，一定要积极主动地去询问老师解决的办法，这样能让老师感受到我们对他的信任、尊重，既解决了疑难问题，又促进了师生之间关系的发展，无形中就缩短了与老师的距离，加深了彼此之间的感情。

第三，我们要客观评价，正确看待老师。

我们平日里经常在一起评价自己的老师，有时是与同学相互议论，有时则是与家长相互交谈，或者直接和老师交流看法，其形式多种多样，但是，无论采取什么样的方法，我们都应该客观评价，正确看待老师。老师也是普通人，他们不是完美的象征和化身，老师也存在这样那样的缺点，我们不能对老师要求得太高。我们在与老师交往的过程中，既要看到老师的优点，又要理解老师自身存在的不足，为建立一份和谐融洽的师生关系打好基础。

第四是意见委婉，正确对待过失。

“人非圣贤，孰能无过。”老师同样也是这样。在与老师相处的过程中，发现老师的不足的时候，我们要保持理解、正确的态度，选择适当的时机，用委婉的语气向老师提出真诚的意见和建议。如果觉得不好面对面地交流，也可以采用书信的方式、电子邮件的方式进行交流和沟通。相信老师一定能够感受到我们的真诚，并能愉快地接纳我们善意的建议，从而更好地增进师生之间的感情。在一次次的交流中，我们会发现老师是那么平易近人，可以和我们做朋友、互相敞开心扉畅所欲言。

还有一点就是要勇于认错，及时改正错误。

每个人都有犯错的时候，当我们犯了错误，不论是主观性错误，还是客观性错误，都要主动向老师承认错误，并且态度一定要诚恳，切莫在老师面前遮遮掩掩，寻找为自己错误开脱的理由和借口，这样只能让老师感觉到你是在推卸责任，是对自己不负责任，也是对老师的不信任。老师的精力也是有限的，我们要多站在老师的立场上考虑，当我们在学校出现或大或小的错误时，一定不要和老师兜圈子，老师在教育学生的问题上经验很丰富，或许他能一眼看穿问题的症结就在于我们自己，但是我们还一直固执地不承认错误，可以想象自己的尴尬。每次错误的出现，都是我们成长的机会，在老师面前要勇于承认错误，在老师的正确引导下，及时改正。

在一次次的交往和交流中，你一定会喜欢上你的老师的。

成长训练

和老师相处是一门艺术，良好的师生关系能使我们对老师产生一份依赖感，从内心深处对老师充满喜欢和爱戴，这样我们就会喜欢上老师的课，乐于听从老师的谆谆教诲，投入到快乐的学习中去，度过一段美好的学生时光。有时候，与老师之间的误解、矛盾，也是我们成长过程中宝贵的财富。我们的这次成长训练，就是要大家回顾一下，从小学到现在，你与老师之间发生的那些大大小小的误解或者矛盾，请一一记录下来，时常回想一下，会有不同的收获和启发，因为，每一次误解或矛盾，都会让你有一次成长。

好朋友也有让人不爽的时候

每个人一生的成长、发展、成功、幸福，都离不开社会这个丰富多彩的大舞台；每个人一生的愉快、烦恼、悲伤、爱与恨，也同样离不开丰富多彩的人际交往。因此，一个人拥有什么样的人际关系，也就决定了他的幸福指数。

假如一个人拥有融洽和谐的人际关系，那么他是幸福的。相反，假如一个人生活在紧张的人际关系中，那么伴随他的必然是孤独、寂寞、自卑和疑虑。可见，人际交往影响着我们每个人的精神世界。对于我们这些初中生来说，能够建立良好的人际关系，创造温馨的学习、生活环境，尤为重要。

我们与朋友相处的时候，哪怕是最要好的朋友，有的时候也会与你有相反的意见，也有可能让人感觉不爽。那么，怎样与朋友交往相处，我们才能拥有惬意、愉快的学生生活呢？

首先，我们要学会诚实守信、宽容大度。

对待朋友，一定要诚实守信、宽容大度。在正常的社会交往中，诚实守信是建立友谊的基础。只有诚实守信，我们才能立足于社会，才能拥有真诚的友谊。中国古代伟大的教育家、思想家孔子主张“人无信而不立”。一个人如果失去了诚信，就不能被社会接纳，不能被朋友接纳，就会孤立无援。因此，我们只有坚守对别人的承诺，才能让友谊的花朵绽放，朋友之间产生深厚的感情，从而得到别人的关心和帮助。诚信的基础是信赖，朋友之间就要诚实守信。

对待朋友，不能斤斤计较，要宽容大度。法国作家雨果曾经说过：“世界上最宽阔的是海洋，比海洋宽阔的是天空，比天空更宽阔的是人的胸怀。”和朋友相处，我们要让宽容的种子在心灵深处发芽、生长，只有拥有宽宏度量、博大胸襟的人，他的身边才会有许多知心朋友，并且友谊才能长久。宽容能使得人与人之间的关系变得更加美好，能使得我们的心灵更加惬意。

其次，我们还要尊重朋友，善于倾听。

与朋友交往的时候，要学会尊重对方，尊重朋友是获得对方尊重的前提。尊重，是脸颊上那一抹真诚的微笑；尊重，是朋友畅所欲言时聚精会神的聆听；尊重，是朋友获得佳绩时真诚的掌声；尊重，是对朋友鼓励的眼神。和朋友交往时，懂得倾听朋友的心声。善于倾听朋友的话语，是要有礼貌地倾听，一定要做到专心致志、集中精力地听，这是礼节性的行为。在倾听的时候，要能抓住重点，知道朋友说了些什么事情，也就是边听边动脑筋思考。

第三，我们还需要学会时常面带微笑，并学会赞美。

和朋友交往的时候，要将我们的愉悦表达出来，那就是微笑，微笑是相互的，当你给予别人微笑，别人回馈的也一定是甜美的微笑。微笑犹如阳光，能驱散内心的阴霾，给朋友带来温暖；微笑犹如雨中的花折伞，能驱除内心的寂寞和孤独，给朋友带来灿烂。在交往中，我们不要吝啬自己的微笑。学会赞美，更是朋友之间友谊的保鲜剂，妥善运用赞美是对朋友长处的积极肯定和赏识。赞美是竖起的大拇指，赞美是一个肯定的眼神，赞美能够净化我们的心灵，赞美能给我们带来希望。当然赞美要有根有据，不能言过其实，否则那就变成了恭维。

还有，就是要懂得赠人玫瑰，手有余香。

与朋友交往的时候，要懂得“赠人玫瑰，手有余香”的含义，并付诸行动，要懂得帮助朋友，做一个责任感强的人，做一个对别人有用的人。这样才能结识更多的朋友，才能在困难的时候，朋友也向自己伸出援助之手。营造一份良好而和谐的人际关系，我们的生活才能更加丰富，更加快乐！

与朋友相处，还应该知道，分享快乐的同时还要分担忧愁。

与朋友相处的时候，当自己有什么快乐的事情，比如数学成绩进步很快，在运动会上取得了男子组接力赛团体第一名，得到老师的表扬等，记得要和朋友分享，朋友会感觉到我们的真诚。当朋友遇到困难或者是忧伤的时候，一定不要袖手旁观，能帮的就伸出手帮朋友一把，不能帮的事情，就听朋友倾诉一番，为朋友分担这份成长中的忧愁！

成长训练

朋友的含义怎么解释？其实，朋友是雨后高高挂在苍穹的彩虹，将美丽灿烂的笑容带给我们；朋友是那一句句温暖的话语，让我们抛却一切烦恼和伤痛；朋友是那把雨中的花伞，为我们挡住了瓢泼大雨，带来一片晴空。然而，有时候，最好的朋友之间，也有可能发生矛盾。这次训练，就是请你盘点一下，你与最要好的朋友之间发生过的那些不愉快的事情，一一写在下面，然后想一想，你是怎么解决这些问题，让你们重归于好的，从中你得到了怎样的感悟与体会？

和同学的关系不好，很孤独

俗话说："一个篱笆三个桩，一个好汉三个帮。"在学校的学习生活中，离不开良好的同学关系，离不开同学之间的相互合作，相互帮助，相互学习，因此，处理好和同学之间的关系，非常重要。

有这样一位中学生乐乐，因为长得又矮又胖，学习成绩也不是很理想，脾气又很焦躁，经常把同学对自己的赞扬视为冷嘲热讽，把同学和老师善意的批评视为恶意的挖苦，心里不是很在意的时候能置之不理，漠然视之；很在意的时候，报复的倾向很大，对同学充满了敌对情绪，和同学的关系处理得不好，心里很是孤独。

出现这种情况，是严重的自卑心理在作怪，因为对父母带给自己的外表无可奈何，又不能很好地认识自我，过分夸大自身存在的缺陷，从而产生自我轻视的倾向。在内心深处，乐乐一直有这么一句话时刻伴随自己——"我不行"，总是感觉到每个人都是用鄙夷的眼光看待自己，因而他内心也常常这样看不起自己。这样自卑的内心体验，阻碍了他和同学们交往的动力，长时间的压抑、退缩，内心就变得很孤僻，对同学们充满了敌对情绪。自卑心理还会表现为自负的现象，自负是由于内在的自卑引起的，自负的同学喜欢说大话、自吹自擂、自夸自大，自我表现欲望很强，使别人感觉无法接受，因此影响了和同学之间的关系。

在交往中遇到困难，我们应该怎么做呢？

在这样的情况下，我们应该正确认识自己，悦纳自我。提醒自己发现自身存在的优势，学会用赏识的眼光看待自己。每个人都是独具特色、独一无二的个体，正是因为这高矮、胖瘦以及性格、智力的不同，才有了这个多姿多彩的绚烂世界。

如果过于自卑，首先看到的都是自己存在的缺点和不足，就很难发现自身的优点和优势。在这种情况下，一定要正确认识自己，自我评价不能过高或偏低，找出自己存在的缺点，不要悲伤，甚至绝望，应该扬长避短，树立信心，多鼓励自己。一定要从乐观的角度去看待自己。只有这样，才能坦然接纳自我，肯定自我，欣赏自我。要多听听别人对自己客观的评价。同学之间不单单是从外表来评价一个人的，更多是看我们内在的品质。这样想来，这位叫乐乐的同学根本没有必要因为胖而自卑、焦躁，对同学充满敌意。只要全面认识自我，了解自我，愉快地和自己做朋友，就算是迈出了与同学和谐相处的第一步。

在与同学交往的时候，我们不仅要学会赞赏别人，还要对别人的赞赏表示真诚的谢意并愉快地接纳。赞赏是对他人的优点和长处的积极肯定，恰当的赞赏有利于同学之间的交往和相处。赞赏可以是真诚的微笑，赞赏能够让暗淡的生活焕发出夺目的光彩。赞赏需要技巧，适当、善意的赞赏，能够得到别人的喜爱和尊敬，过分虚伪的赞赏则会给人一种言过其实的感觉，变成了一份恭维，一份阿谀奉承，适得其反。比如，上文中的乐乐总是喜欢把同学与老师对他的表扬、赞美，看成是冷嘲热讽，不能用正确的心态去接纳，所以影响了他与同学之间友好的交往。

我们大多数同学是独生子女，在特殊的家庭环境中长大，往往会出现自私的性格，以自我为中心，思考问题习惯性地从有利于自己的角度出发，这种思想不利于同学之间的交往。我们要树立心中有他人的想法，并付诸行动，友谊之花方能绚丽绽放。乐乐一意孤行地坚持自己的想法，阻碍了与同学交往的机会。如果他在学习中遇到困难，能主动问一问同学，一定能得到友好的帮助；如果他不那么固执地认为同学对自己善意的批评是恶意的挖苦，而是能更好地理解同学，甚至是主动去接近同学，这样一定能增进与同学之间的友谊，不再有孤独的感受。“心中有他人”，要学会主动地关心别人。冷漠和热情是一对性格迥异的孪生兄弟，如果你对别人是冷漠、不闻不问的态度，换来的也将是别人那份冷漠和疏远，这样，同学之间就产生了难以修复的裂痕。孟子说：“爱人者，人恒爱之。敬人者，人恒敬之。”而热情则会给我们带来截然不同的人生经历，同样付出的热情和友爱，换来的也是热情和友爱，学会体贴、关心、帮助别人，伸出友谊的手，我们将不会孤独。

成长记录

友谊之花为我们的成长绽放美丽。友谊是关心他人，友谊是多为别人考虑，友谊是适度赞美他人，友谊是一个又一个相互影响的优秀品质。在这次成长训练中，请认真考虑一下，在如下这些友谊的花瓣中，你拥有哪些美丽的花瓣？拥有的，请在后面的括号内画对勾。

1. 一个篱笆三个桩，两个帮。——乐于助人（　　）
2. 赠人玫瑰，手有余香。——心胸开阔（　　）
3. 金无足赤，人无完人。——尊重别人（　　）
4. 种瓜得瓜，种豆得豆。——坦诚大度（　　）
5. 接纳别人，听取别人的意见。——心中有他人（　　）
6. 一个人的礼貌，就是一面照出他的肖像的镜子。——有礼貌（　　）
7. 坚定地说出“对不起”。——勇于承认错误（　　）
8. 守住别人的秘密。——信守诺言（　　）
9. 主动和朋友握手。——伸出友谊之手（　　）
10. 不要轻易伤害别人。——严于律己（　　）

日记被老妈偷看了怎么办

我们步入中学的大门，就意味着青春期的到来，这个时候的我们正处于从幼稚向成熟的过渡时期，我们迫切希望从对父母的依赖中挣脱出来，做一个独立的青少年。

但是，此时妈妈却依然把我们当成孩子，对我们的一些事情总是不放心，于是就过多干涉我们的“私事”，这个时候，我们心里就会有些不舒服，感觉在妈妈面前没有了自己的生活空间，对妈妈的一些行为不能理解。于是，在与妈妈的相处中便会出现很多问题。

比如妈妈会偷偷听我们打电话，偷偷看我们写的日记，等等。在我们看来这是不能接受的事情，母子之间或者母女之间的相处就会因此出现各种冲突。因此，能够和妈妈推心置腹地交流、和谐愉快地相处，对我们的成长和人际交往非常重要。

有这样一位初三的同学，叫徐鸣，他谈起自己的日记被妈妈偷看的事情。徐鸣是一个平日里喜欢和女同学说说笑笑的同学，从不把男女生之间的交往界限划得那么清楚，他感觉都是一起读书学习的同学，没有必要因为性别的缘故分得那么清。妈妈知道了这个情况，总是担心自己的儿子早恋。

只要看到儿子和女生放学一起走在路上有说有笑，妈妈就找他谈话，想问出个究竟，但事实上什么事情都没有，也不存在早恋的问题。可是，妈妈总是担心，总觉得儿子没有跟自己说实话。每当妈妈问这个问题时，徐鸣很是烦闷。

有一天，当他打开日记本正要写日记的时候，发现日记本上少了一页内容，于是他忙去问妈妈：“妈妈，这是我的日记，您怎么能随便看，随便撕掉啊？”他的心里非常痛苦。从那以后，一向非常开朗的徐鸣再也高兴不起来了，对妈妈充满了冷漠，变得沉默寡言。

面对日记被妈妈偷看的问题，我们作为孩子，也不要太纠结，更不要像徐鸣那样从此郁郁寡欢，因为妈妈是最爱我们的人。妈妈偷听我们的电话，是想知道现在我们在和什么人来往，身边是不是有对我们有帮助的朋友；妈妈偷看我们的日记，是想了解我们心里的想法，想知道我们遇到了哪些困难。妈妈只是希望在需要的时候能够帮助我们一把，真正成为我们的朋友，希望我们能够幸福快乐地成长，并没有任何的敌意。如果我们能够站在妈妈的角度考虑，徐鸣不和妈妈交流也是不妥当的，假如他能敞开心扉和妈妈交流自己与同学交往的情况，排除妈妈心里的顾虑，也就不会出现这些不愉快了。

尽管有时妈妈会做出一些让我们很不理解的事情，但是我们应该体会到妈妈对我们深深的爱。也许有时候会因为爱的方式不恰当，而伤害了我们的自尊，出现“爱的冲突”，但是不管怎样，只要我们和父母互相理解、学会体谅，那么这些“冲突”也必将在爱中化解。

首先，我们要多一些理解，少一些冲突。

我们和妈妈可以说是朝夕相处，只有与妈妈相处融洽了，才能营造出一份温馨的家庭气氛。与妈妈相处时，我们要对妈妈多一些理解，尽量不要和妈妈发生言语上和行为上的冲突。妈妈是爱我们的，这一点毋庸置疑，但是妈妈表达爱的方式是不同的，有时候妈妈不会赞赏我们，只会批评，千万不要放在心上，因为批评是爱的特殊方式，我们要理解妈妈对我们美好的期望；有时候妈妈会直言不讳地指出我们的缺点，语言上不是很委婉，我们也不要斤斤计较，对妈妈多一些理解，对母爱多一些宽容。

其次，要多一些体谅，少一些苛刻。

“人非圣贤，孰能无过。”妈妈虽然是成年人，但她也不是完美的，她也会在生活中渐渐成长。面对妈妈做错的事情，我们应该多一些体谅，少一些苛刻。比如当妈妈面对很多人，提起我们曾经做错的事情，一定不要觉得是妈妈在有意给我们难堪，多用体谅的心态去理解这件事情，或许是妈妈怕我们再犯同样的错误，故意提醒我们的，用的是激将法。这样想，心里就会消除对妈妈的误会，事后回家再心平气和地与妈妈交流、沟通，看看妈妈当时这么说，究竟是什么原因。

再次，还要多一些交流，少一些自我。

我们心中往往会有很多不愿意让别人知道的小秘密，放在心里会觉得不是很轻松、自在，我们非常想寻找知心的朋友倾诉自己的心事，以减轻内心的压力和迷茫，我们不妨将妈妈当成知心朋友，多和妈妈交流、沟通。在这样的情况下，妈妈既能了解我们在成长中遇到了哪些问题和困惑，真诚地伸出援助之手，又能促进和妈妈之间的亲子关系，岂不是一举两得。遇到问题切莫把妈妈看做是局外人，不能以自我为中心，想到什么就去做什么，这样会伤了妈妈的心，伤了这份最珍贵的亲情。妈妈是我们人生的第一任老师，我们应该相信妈妈。

还有就是要多一些理智，少一些蛮横。

当我们和妈妈相处，出现了或大或小的冲突时，一定要理智地处理问题，而不是蛮横地让大家都接受不了，破坏了和妈妈之间多年的感情。当冲突发生的时候，我们要冷静下来，不论妈妈说什么，不论妈妈做什么，等双方都静下来的时候，理清刚才发生的事情，学会换位思考。亲近妈妈，化解矛盾，这是我们与妈妈以及其他亲人相处的必修课。

成长训练

“妈妈”是世界上最伟大的名字。我们在与妈妈相处的时候，要懂得与妈妈沟通的方法和技巧，多创造与妈妈交流的机会，认真聆听妈妈说话，能够体谅妈妈的爱，学会承担责任，从而营造一个真情浓浓的家庭氛围。这次的成长训练，就是给妈妈写一封信，心平气和地说一说自己的心里话。有些话，可能当面不好说，可是，通过书信的方式可能很好。只有勇敢地向妈妈敞开心扉，才会有良好的沟通，才能避免妈妈偷看我们日记窥探我们心中秘密的事情发生。

无法和爸爸妈妈交流的苦恼

无法和爸爸妈妈交流，不是个别现象，而是一种普遍存在的现象，很多同学在和家长交流的时候，都会遇到问题，从而产生很多苦恼。

和谐的亲子关系是每个人成长中的正常心理需求，当这种需求由于各种各样的因素而得不到满足的时候，就很容易导致不良情绪的产生。比如家庭成员间的情感变得疏远冷漠，这都与家庭中的沟通方式不恰当有关系。

我们中学生在成长的过程中，很好地和爸爸妈妈交流、沟通，能帮助我们更快乐地成长，因而有着非常重要的意义。

王辉是一名初中二年级的学生，因为平时缺少沟通和交流，他说自己在家里表现得再好，也得不到父母的表扬，并且他一直在批评与呵斥，甚至是打骂中度过了自小学至今本应该很轻松、很愉快的时光。长期的心理压抑，让这份血浓于水的亲情逐渐淡漠，让这种本应该很和谐的亲子关系变得伤痕累累。而偏偏孩子的这种变化，家长却没有在意，他们以为只要管好孩子的衣食住行就足够了，而忽略了和孩子的沟通，致使孩子慢慢疏远了家长，悄悄关闭了心灵之门。其实，从孩子的表现来看，父母的教育方式存在着很大的隐患，让我们心里不禁捏了把汗，为这对无法沟通的父子感到担忧。

好在王辉在班主任老师的帮助下，感受到爸爸对自己深深的爱，从而敞开彼此的心灵开始了新的交流和沟通。

面对无法和家长交流的情况，我们不要着急，先从自身找原因，看看是不是因为自己哪些地方做得不够好，然后将自己的想法及时和家长交流、沟通。

上述例子中的王辉，在班主任老师的帮助下，和爸爸有了一次真诚的交流和沟通，这是父子关系缓和的开始。我们与父母之间的交流是一种双向的信息沟通，为父母创造了解我们的机会，也为我们的成长提供开启心智、认知学习的途径。有效的交流，能加深亲子间的温馨感情，为我们营造和谐健康的成长氛围。所以，沟通很重要，它是亲子间情感交流的桥梁。

我们和父母之间无法交流的原因有哪些呢？其原因一般有以下几个方面：

第一，我们和父母之间不能站在彼此的角度去理解、接纳对方的言语，因而彼此失去了交流的动机。当我们一旦在学习、生活中出现问题，家长总爱以成年人的思维方式去评判我们所做的一切，不给我们交流、解释的机会，把自己的意愿强加给我们，轻则呵斥，重则打骂。因此，我们会觉得自己没有说话的权利，自己的想法得不到父母的理解，唯一能做的就是将委屈和不满埋藏在心里，紧闭心房。

反之，我们也不能站在父母的角度去理解他们的爱，如果父母教育的方式让我们接受不了，就对父母有偏见，有看法，不能接纳他们对我们的爱。

第二，我们希望得到父母的赞赏和认可，而父母通常只注意到我们不如意的地方，很少对我们的优点和成绩进行赞赏。在这样的情况下，我们感受不到被赏识的亲情，有些心里话宁可告诉同学，也不愿意倾诉于父母，导致双方互不信任。亲子间的交流、沟通出现了问题，久而久之，我们产生了自卑情绪，紧闭心房，对父母也产生了戒备心理。

找出原因之后，我们接下来是要找到解决问题的方法。有效的交流和沟通必须建立在理解、信任、尊重、接纳、平等的条件之上。和爸爸妈妈有效沟通主要有四大法宝——

留意观察，暗中关心。平日里多多观察爸爸妈妈的生活习惯，关注他们的身体健康状况，把他们的情况放在心里，做到心中有数。

用心倾听，分担忧愁。平日里闲暇的时候，多和爸爸妈妈聊聊家常，聊聊学校发生的事情，尝试听听他们的内心想法和需求，为他们分担忧愁，并分享他们的快乐。

多多畅谈，表达关爱。对爸爸妈妈的关心和爱护是要用语言表达出来的，否则他们很少能感受得到。多多表达自己的想法，表达对他们的关爱，方式有很多，一句问候的语言，节日里送上自己亲手制作的卡片等等。

常常做事，学会担当。我们可以将对爸爸妈妈的这份深深的爱付诸行动，可以在周末时，帮助爸爸妈妈做些力所能及的家务活，或者是做好属于自己的本职事情——努力读书学习，给爸爸妈妈一份因子女能够担当责任、对家长尽责而产生的欣慰感。

我们在和爸爸妈妈交流的时候，一定要处在主动交流的状态，创造机会，经常交流。在爸爸妈妈说话的时候，一定要认真倾听。如果我们犯了错误一定要主动道歉，适当的时候要懂得体谅爸爸妈妈的难处。从平常的小事做起，我们会发现，与爸爸妈妈进行沟通、交流，并不是什么无法做到的困难事。

成长训练

亲子关系是一种特殊的人际关系，和谐融洽的亲子关系有利于孩子的身心健康，学会正确地与爸爸妈妈交往是每个人必修的人生课题，有效的交流和沟通，更是我们应该思索的话题。这次的成长训练是，请你在下面的空格内写出自己最需要和父母进行交流的五个问题。然后，选择恰当的方式，主动和父母进行沟通、交流。

人见人爱不是不可能的事

正在读初中的我们处于自我观念发展完善的时期，比较在乎别人对自己的评价，在乎别人眼中的自己是什么样子的，所以一直都想努力做到最好，希望能和老师、同学、家长有融洽和谐的人际关系，希望在别人面前表现出最优秀的一面，让每个人都能接纳自己、喜欢自己。其实只要树立正确的交往观念，掌握正确的方法，就一定能给周围的人留有好的印象，做一个人见人爱的人，并不是不可能的事。

那么，具体怎样才可以做到呢？

首先是要充满自信，快乐成长。

凡是在事业上取得成就的人，都有着坚定的自信心。古希腊著名学者阿基米德曾经这样说过："给我一个支点，我将撬动整个地球。"这是一份富有气魄的自信；爱因斯坦举起两只不能让任何人满意的小板凳，依然自信地说："这是我第一次做的，这是我第二次做的，刚才交的那个是我第三次做的，这一只比前两只强多了。"他看到了自己的进步。这就是自信的力量。自信心是所有成功者共同的特征，充满自信的人，自身有着很强的心理承受能力，同时也有着强大的人格魅力。

这是一名中学生写的日记：

倩倩和我一起学习舞蹈，她很害怕舞蹈表演和比赛，因为在她的内心深

处，她总是觉得不能表现得最好，不能取得优异的成绩。于是，我努力鼓励她，给她鼓励的眼神、鼓励的语言，鼓励她一定要相信自己，相信自己的能力和水平，相信自己一定能经过努力取得优异的成绩。但是我发现一个问题，她不仅觉得自己在舞蹈方面做不好，并且她这种消极的想法还存在于其他的很多方面。因为我是她最好的朋友，所以一直鼓励她一定能够做到，并且会做得很好，“让我们一起努力，一起加油！”我就这样不断地增强她对舞蹈的信心。令我惊奇的是，倩倩真的做到了，不久之后她在比赛的舞台上取得了优异的成绩。从此以后，她做什么事情都有了很大的信心。我们好好庆祝了一番。这就是自信的力量。

由此可见，自信是我们实现一切愿望最重要的因素，只有充分相信自己的能力，相信自己的才干，才能勇敢地向困难挑战。我们要在学习中扬长避短，及时鼓励和表扬自己，感觉自己在家里、在学校是有优点和魅力的。只有充满自信，快乐成长，才能更好地感染周围的人，成为别人喜欢的人。

其次是要正视缺点，不断进步。

人无完人，每个人都不是一块完美的璧玉，都存在这样那样的缺点。面对缺点，能正确看待，并能努力纠正自己的缺点，全面评价自己，从而使自己不断进步，不断完美。比如有的同学，虽然学习成绩不是很理想，但是他能够团结同学，为老师和同学做一些力所能及的事情，各项体育活动也不落后，他同样会深受同学的喜爱和老师的赞赏。

爱迪生的童年生活非常困苦，经常靠在火车上兜售糖果、点心和报纸维生，一生只在学校里读过三个月的书。有一次，他在火车上卖报时，一个心毒如蛇而力大如牛的火车管理员粗暴地打坏了爱迪生的耳朵，从此，爱迪生成了聋子。但他勤奋好学，善于思考，最后发明了电灯、留声机、电影摄影机等一千多种成果，为人类作出了重大的贡献。

后来，爱迪生常说：“我真得感谢那位先生，在这个嘈杂的世界上，是他让我清静下来，不必堵着耳朵去搞实验了。”

爱迪生能用乐观的态度对待自己的缺陷，并能够自信地学习、工作和生活，最终取得了伟大的成绩，这是值得我们学习的。

我们在学习生活中，难免会有缺点，缺点能让我们从中吸取教训，可以得到不断的提高，因此，我们要正确看待缺点，因为这也是我们成长的契机。

第三是要乐于助人，和谐相处。

帮助别人是一种幸福，它是最真挚的心灵体验，将永远温暖着我们每个人的心灵。当我们帮助别人时，别人的心里会感到温暖，而别人帮助我们时，我们的心中同样会感到安慰。

有这么一个小男孩，出于一时的气愤对母亲说他很憎恨她，然后，也许是害怕惩罚，他跑出家外，对着山谷喊道："我恨你！我恨你！"接着山谷传来回音："我恨你！我恨你！"小孩很害怕，跑回家里对母亲说，山谷里有个卑鄙的小孩说他恨他。母亲把他带回山里边，并要他喊："我爱你，我爱你。"小孩照母亲说的做了，这次他发现，有一个很好的小孩在山谷里说："我爱你，我爱你。"

帮助别人就如同大山深处的回声一样，只要我们付出了真诚的帮助，得到的一定也是别人的帮助和关心。在与人相处的时候，我们一定要懂得"送人玫瑰，手有余香"。把乐于助人当做一种习惯，才能与他人和谐相处，成为一个别人喜欢的人。

还有就是要心胸宽广，志向远大。

一个人如果有着宽广的胸怀，博大的胸襟，远大的志向，他的生活中一定会有很多知心的朋友，也会得到很多人的欣赏和喜爱。有的人心胸不够豁达，最大的原因是过度以自我为中心，把自己看做是最主要的，自我意识很强烈。那么，怎样才能变得心胸宽广呢？

我们要学会从不同的角度去分析每一件事情。能站在对方的角度去考虑问题、分析问题，这样，我们看待问题的角度不同，我们的视野会变得更加宽广，心胸也会更加广阔，志向便会更加远大。反之，我们的思想就会变成一种固执的偏见。我们不能把自己的思想强加给朋友，这让人难以接受，因为没有一个人是喜欢被别人征服和强迫的，更何况是我们的朋友呢？心胸宽广的人，一定要懂得宽恕曾经伤害过我们的人，不要总是拘泥于过去的事情，不论谁是谁非，都已经成为过往，要勇敢地翻过这一页。心胸宽广，一定要坚持心中远大的志向，只有这样我们才能有更加美好的期待，才能给人留下好印象。

成长训练

做一个别人喜欢、欣赏的人，说到似乎很容易，但是最主要的是要做到，所有的宽容、自信、助人为乐等这些美好品质，需要我们落实到生活、学习和与人相处的细节之处。那么，这次的成长训练，就是请你选择一位“人见人爱”的同学，仔细观察，认真思考，看看他或者她的身上，到底有怎样的魅力，到底具有哪些让人喜爱的因素，然后一一列在下面的空格里，再与自己进行比较，看看自己与他或者她的差距在哪里，当然，也要对比一下自己所独有的魅力所在。

学会交际的艺术，为人生增添光彩

一位著名的心理学家曾经说过：一个人成功的因素85%来自社交和为人处世。可见人与人之间交际的重要意义。对于我们中学生来说，这同样是一个值得探讨的问题。我们每天都在成长，周围有亲人、同学、朋友、老师，我们的成长离不开与他们的交往，就如同万物离不开阳光的照射，大地离不开雨水的灌溉一样。与人交往对于促进我们身心健康地成长有着很大的影响。

罗斯福曾说过："成功的第一要素是懂得如何搞好人际关系。"良好的人际交往，有利于我们协调好各种各样的关系。如果我们能学会与人相处，调动各方面的积极性，学会合作，学会交流，一定能取得成功。良好的人际交往是交流信息、获取知识的重要途径。

通过人际交往，我们可以相互传递、交流信息，总结一些经验，从而增长见识，开阔视野。《礼记·学记》上说："独学而无友，则孤陋而寡闻。"一语道出了人际交往对我们的重要性。人际交往可以帮助我们提高对自己的认识，以及自己对别人的认识。在人际交往的过程中，彼此从对方的言谈举止、行为习惯中能清晰地认识对方，同时，又从对方对自己的评价中认识了自己。人际交往还有利于我们形成良好的个性，使得各方面的关系融洽自然。

叶文宇是一名初三的学生，在家里是独生子，家庭条件特别优越，但是他却经常独来独往。他没有什么好朋友，常常孤孤单单的一个人，从来都不和同学们一起玩，一起讨论问题，也不向老师请教不明白的知识点。他还经常旷课，在家里玩电脑，看电视。爸爸妈妈想和他谈谈，他都不予理睬，有时候还会大发脾气，把自己反锁在房间里。

在学校里，只有铃响了他才走进教室，并且总是不做作业。对于学习，对于和同学们之间的交往，他采取的都是逃避的态度，因为只要看到老师和同学们，叶文宇就会倍感害怕和紧张。他的性格非常孤僻，令人难以接受。

例子中的叶文宇同学，在人际交往中遇到了问题，产生了社交恐惧，从而影响了他的学习、生活。让人担忧的是，存在社会交往问题的同学有很多。所以，掌握正确的人际交往技巧就显得非常重要。那么，在这方面有哪些妙招呢？

首先，在人际交往中要学会遵循真诚的原则，学会倾听。

人际交往中要遵循真诚的原则，学会倾听，因为真诚是打开别人心灵的金钥匙，把自己真实的想法与对方交流，得到对方的信任，才有可能继续交往下去，产生深厚的感情；学会倾听，可以更好地与对方进行沟通和交往，有礼貌地听对方表达完意思，能让我们更好地了解对方的一些特点。倾听的时候，注意不要打断对方的话语，更不要随便插话，以免影响别人的表达思路。倾听别人的谈话，一定要有信息的回馈，可以是简单的赞同，也可以是简短的总结，只有这样才能让对方感受到我们的友好、真诚和尊重。

其次，在人际交往中要学会遵循主动的原则，增加交往频率。

“种瓜得瓜，种豆得豆。种下仁惠的友情，得到仁惠的友情。”著名文学家郭沫若先生这样论道人际关系。是啊，在与人交往的过程中，如果我们能主动对人友好，主动表达内心的善意，一定能得到对方的好感，感觉我们是那么平易近人，有利于彼此更好地沟通与交流。经常性的交往，能让本来陌生的两位同学变得熟悉起来，经常一起谈论学习、谈论梦想，并且互相帮助，一回生，二回熟，时间久了就成为志同道合的好朋友。反之，则会使得两个形同手足的好友变得陌生，甚至是慢慢地不再往来。所以，和同学交往一定要适度增进交往频率。

再次是要在交往中学会遵循诚实守信的原则，适度交往。

诚实守信是基本的做人准则。信是诚的表现，诚信是一种高尚的道德品质，也是建立良好人际交往关系的标准。只有诚实守信，我们才能够结交更多的朋友，没有了诚信，我们就没有了真正的朋友。如果我们能够以诚实真挚的态度对待别人，就一定能获得对方的信任和理解，给人内心的安全感和尊严感；相反，如果我们欺骗了对方，或者是别人欺骗了我们，彼此之间就失去了信任，失去了友谊。

因此，我们在与人相处时，要宽宏豁达，体谅他人，以诚相待，只有这样才能获得真正的朋友，才能与人更加友好地相处。与人交往要把持适当的广度和深度。交往的时候，既不能范围过广，过于分散精力，亦不能范围过窄。交往要适度，不是每天都要泡在一起，要深得君子之交淡如水的要义才好。

还有，在交往中还要学会遵循平等宽容的原则，学会表达。

平等宽容是人与人交往的又一个前提条件，只有这样平等而宽容的气氛，才能让我们体验到自由、无拘无束的感觉，从而建立起高质量的社交关系。常言说得好："听君一席话，胜读十年书。"沟通是人际交往中非常重要的技巧，谈话是沟通信息、获得间接经验的好形式，也是表达感情、增进友谊的重要手段。在谈话的时候要善于表达，要学会适时、适当表达，表达的内容要清楚明确，表达的方式要恰当，语言要富有幽默感和风趣感。

我们懂得了这些人际交往的技巧，最重要的是，还要在生活实践中找到适合自己的方法和策略，这样，你就可以生活在一个和谐的交际氛围里，心情愉悦，信心百倍，学习愉快，那么，离成功也就不会太远了。

成长训练

请你对自己和班上与自己关系最紧张的同学进行分析，找出到底是什么原因让你们的关系那么紧张，然后，寻找一个突破点，用恰当的方法来改善你们之间的关系。请在下面的空格内写出你的解决方案，然后按照这个方案逐步实施。

第四章

解读身体密码，小秘密全知道

床单上的“地图”

青春期到来，会有很多我们意想不到的问题出现。慢慢长大的男生早晨起床之后，掀开被子，偶尔会发现床单上出现了从未见过的“地图”，这会让我们感觉很奇怪。其实，这就是我们后来才弄明白的遗精。遗精是指男孩子进入青春期以后，有时候在睡梦中精液自尿道中排出的现象。睾丸不断产生精液，积存多了，自然就会排出体外。这是一种很自然的生理现象。

李泽泽正在读初中三年级，有一天早晨起床之后，发现自己的身体下面有液体流出来，很显然不是尿液，他感到一阵恐慌，心里害怕极了，总是坐立不安。从来没有遇到过这样的事情啊！这是怎么了？经过查找书籍，他知道了这是精液，并且知道了这是很正常的青春期发育的现象，心里就坦然多了。但还是很担心，因为他的心里有些顾虑，这样的情况是不是会影响身体健康呢？

我们要正确面对遗精现象，去接纳这一成长中出现的正常情况。遗精与女生每月都要来的月经不同，是没有规律的。有些男生很少出现遗精的现象，这也是很正常的事情。遗精并不是什么危言耸听的疾病，也没有我们想象的那么可怕。随着年龄增长，很多男性遗精的问题就自然消失了。其实，遗精的出现可能是性梦的结果，也可能是内裤过于束缚生殖器，棉被过于挤压生殖器而产生触觉刺激的结果。性梦是一种对性行为的幻想或者是欲望，这种幻想或欲望是要借助于梦来完成的，梦的内容可能含糊不清，可能清晰可见像真的一样。遗精发生于睡眠状态时的称为梦遗，发生在清醒状态时的，一般叫做滑精。

王庆祥是一名初中二年级学生，已经梦遗过很多次了，他也知道这是非常正常的生理现象。但是最近一段时间，他发现自己的阴茎总是变得硬硬的，难受极了。于是，就偶尔用手来抚摸刺激自己的外生殖器，让精液射出体外，身心得到了一种愉悦感。但是他觉得这是一件很见不得人的事情，令自己感到非常羞耻，无地自容，因此，内心非常苦恼。

例子中的王庆祥属于手淫的性行为，这也算是一种正常的事情。手淫和遗精一样，都是将精液排出体外的方式，这正如人渴了，要喝水，人饿了，要吃饭一样正常。男生从性成熟到能够合法地满足性要求——结婚，是要等待好多年的，而这段时间的性能量偏偏最高，总要寻找机会解除积压的性欲。因此，在这种情况下，手淫、遗精相对来说是安全而负责任的办法，这样的方式不会有异性的卷入，不会导致任何性病，也不会因为不合理的性行为或者性动机，导致性攻击甚至性犯罪的发生。因此，如果你也有同样的经历，大可不必过于慌张和焦虑，这是非常正常的行为。

有很多男生总是有这样的顾虑，担心遗精会影响身体健康，这种担心大可不必。遗精是正常的生理现象，是我们人类性生活的重要组成部分，也是我们成长中的必经阶段，遗精并没有我们想象的那么肮脏，也没有那么大的杀伤力。遗精的次数和数量并不能代表什么，遗精的次数与每个人不同的经历，身体状况的差异，还有接触的外在的环境刺激有关系，但是这不能说明遗精一定能够伤害身体。在过去有“一滴精液十滴血”的说法，其实这是一种荒谬的说法，精液的主要成分是水，而不是精子，水分约占精液的 90% 以上，而精子却达不到 5%，其余是少量的白蛋白、脂肪、酶类、果糖等成分。正常频率的遗精是一种正常的生理现象，并不会伤及身体健康，但是，过于频繁的遗精可能会出现腹部疼痛、全身乏力、精神萎靡的情况，这可能与过度遗精有关系。这就需要克制自己的性刺激和欲望了，尽量少看一些刺激性的杂志、报纸和电视节目等。这样我们才能更加有活力地投入到学习、生活中去，做自己喜欢的有意义的事情。

我们应该将精力集中到孜孜不倦的学习中去，因为我们正处于青春期，学习是最主要的任务。我们不要因为在成长中遇到一些困惑而感到焦虑不安，应正确面对，愉快接纳，将注意力转移到有意义的学习上来，既减轻了思想上的负担，还不至于让我们因为浪费了时间、荒废了学业而感到后悔。平时要加强体育锻炼，尽量多参加一些体育活动，有规律地进行晨练。体育锻炼能够让我们的身体更加健康，更加强壮，更加精力充沛，做一个充满活力、充满朝气的青少年。在平时的生活中要讲究卫生，养成良好的卫生习惯。勤洗澡，尽量洗淋浴，不要到澡堂的池子里洗澡，那样非常不卫生；不要用凉水冲洗身体，尽量用适宜的温水；经常清洗生殖器，保持清洁卫生。调整好作息时间，休息一定要有规律。保持乐观的心态，面对我们成长中遇到的一切现象。

其实床单上的“地图”，是我们青春的杰作，也是我们成长的见证！

成长训练

当你出现第一次遗精时，你是怎么做的？是仓皇藏起被单，还是勇敢地向爸爸妈妈请教？其实，面对这样的“尴尬事”，根本不用羞羞答答不好意思，因为，这是每个人在成长过程中都会遇到的事情，很正常。如果你能够认识到这一点，能够勇敢地面对，那么，就请你在这次成长训练中记录下遇到这件事时你的心情，以及你是怎么做的。写下来的，也是你成长的一个足迹。

小裤裤上的“红玫瑰”

青春期的女生生理也发生了很大的变化，出现了第一次月经，也称为月经初潮。月经的出现对于一个女生来说，意味着生命掀开了新的篇章，标志着我们慢慢走向成熟，生理上的成熟、心理上的成熟，所以我们很欣喜地称之为“红玫瑰”。如果你也经历了月经初潮，恭喜你已经慢慢变得成熟起来了。我们千万不要因此而恐慌，更不要因此而感到羞耻，因为这是正常的生理发育现象。

我们应该了解关于月经的一些相关知识，这样就能知道“庐山真面目”了。女性的月经初潮年龄约在 10 ~16 岁，来月经之前一般内裤上都会有一些血迹。月经是由于我们的生理发育达到了一定的程度，子宫内膜在卵巢分泌的性激素的直接作用下周期性地出现剥离出血的现象。也可以理解成卵泡发育促使子宫内膜增厚，排卵后如果不能受精，那么内膜就会脱落，形成月经，然后迎接下一个排卵周期。

当月经初潮来临的时候，我们往往会觉得是一位不速之客，对这突然的造访没有任何心理准备，心里非常忐忑不安。

宋佳倩是一名初中二年级学生，突然有一天，她发现内裤上出现了殷红色的血迹。第一次见到从自己的身体里流出这么多的鲜血，她心里害怕极了，非常担心自己身体的健康，还以为自己身体出现了问题。这样的担心是正常的。因为在月经期间总是有些身体的不适感，比如有的女生会出现痛经

的现象，多数女孩在月经期间会感到小腹胀痛或者是腰部酸痛，多数痛经出现在月经时，部分人发生在月经前几天。这些都不用焦虑。

女生痛经的生理原因主要是，子宫内膜分泌的前列腺素，虽能促使子宫的肌肉和血管收缩，帮助经血排出，但是分泌量过多，会使子宫肌纤维发生强烈的痉挛性收缩，从而引起疼痛。由于盆腔中的脏器在每次来月经之前，就开始充血肿胀，并且一直持续到月经结束，渐渐地，伴随着子宫内的充盈物排出体外，脏器内的充血减轻，腹部不舒适的感觉自然就会缓解很多。像宋佳倩这种月经的不适感、疼痛感，有可能是因为精神紧张。因为缺乏生理知识，一来月经就感到烦躁、焦虑、紧张和恐惧，这种疼痛主要是由于心理作用产生或加重而引起的。在月经期间，一定要放松心情，解除思想负担，放下沉重的思想包袱。月经来临时，还会感觉到疲劳，比平时更容易感到劳累，这是因为在月经期间，我们的体力随着月经周期有着不同的变化，一般在来潮之后体力急剧下降，这不必担心，等到月经结束后，就恢复了正常。

当我们来月经的时候，可以把这个消息告诉妈妈，妈妈一定会为我们的长大而感到高兴、感到欣慰的。将你的焦虑、不安、担忧等复杂的心情都告诉妈妈，妈妈一定会帮助我们走出困惑，走出迷茫。她会给我们讲一些关于月经的知识，经期间的保健知识，还有处理月经的各种方法等。妈妈还会非常细心地向我们推荐一些关于女性方面的知识，让我们更好地了解自己，我们也可以向妈妈请教一些不明白的问题。我们会发现，我们和妈妈之间的距离更近了，成了无话不谈的好朋友。

月经期由于子宫内膜脱落、血管分裂未愈，形成一个创面，加上子宫口微张，阴道酸性分泌物被冲淡，所以要搞好个人卫生。我们在月经期要注意选择合格的卫生用品。初潮后的少女都要准备好卫生用品，要经常更换，最好选择正规厂家生产、有标准生产日期和严格卫生环境的纸品，只有这样才能保证卫生用品的安全无菌。保持外阴清洁，月经期间，每天都要用洁净的温水擦洗外阴。下身不要泡在水中，不要从后面向前清洗，以免脏水流进阴道。洗外阴的盆也要和洗脚盆分隔。勤沐浴、勤换内裤。月经期间注意保暖，月经期免疫力下降，盆腔充血，要注意保暖，避免淋雨、涉水、游泳，不要冷水沐浴、洗头、洗脚，也不要坐在明显感觉冷的地方，不吃凉的饭菜，在炎热的夏天不吃冷饮。

已经读初三的姚彤彤，看到周围的女同学都和自己不一样，每个月都要来月经，心里既羡慕又害怕。她羡慕她们都已经来月经了——她在相关书籍上了解到，这是一个青春期女孩的正常生理发育，月经来临意味着发育很正常，意味着生理和心理上都已经慢慢变得成熟了。可她内心有些害怕、担忧：自己为什么迟迟不来月经呢？

她的这种情况，很多同学都经历过，但是不用紧张，我们继续了解关于月经的一些知识，了解到这种情况的原因，就能够更好地去面对了。

到了年龄迟迟不来月经，这就是人们常说的原发性闭经。月经的来潮以及每个月都能有规律地按时出现，这意味着女生在性方面的发育趋向成熟，这也为我们将来生儿育女创造了最基本的生理条件。但是像姚彤彤这样，这么久了还不见月经的来潮，有可能出现了什么问题。

如果一个女生，乳房发育很正常，阴毛、腋毛等毛发开始正常地长出来，外生殖器发育也很正常，这些第二性征的发育都非常正常，那么，我们就不必过分担忧月经为什么不来了。越是紧张、焦虑，可能越容易导致内分泌失调，干扰下丘脑的正常生理功能，从而延缓月经来到的时间。相反，如果发现乳房扁扁的，没有任何正常发育的征兆，阴毛和腋毛等毛发也没有出现，自己依然像小学生一样，这样就是性发育迟缓。造成这样的原因，可能是环境、身体的因素，如营养不良使得身体非常消瘦，或者过分地减肥、锻炼身体造成了体重明显下降，都是发育迟缓的原因，这是外在的环境、生理造成的原因。也有可能存在着病理性的原因，比如生殖器官发育畸形或者发育不正常，性染色体存在异常等，这些都是引起月经不来的原因。所以，要抓紧时间到医院做相关的检查，找出具体的原因，进行治疗。

对月经的到来，每个人都会有不同的困惑，但是我们应该是欣喜的，因为这朵“红玫瑰”，意味着我们已经长大了。

成长训练

在这次的成长训练中，就是请你在遇到本节内容提到的问题时，寻找一个倾诉的对象，这个人可以是你的妈妈，可以是你的姐姐，也可以是你要好的同学。要勇敢一点，说出自己的真实情况，说出自己的真实感受。然后，将自己的心得记录在下面，因为，也许有一天，同样会有一个人向你倾诉，向你请教这个必经的问题。

好不适应的“毛毛”

青春期的我们身体有了很大的变化，渐渐向成熟发展，这说明我们开始长大了。这时，女生和男生在身体的个别部位会长出许多“毛毛”，这标志着我们已经开始向成人的方向成长，对此不要过于恐慌，也不要觉得难为情，因为这是我们这个年龄生理上的正常发育，如果没有这些“毛毛”，我们的心里才会犯嘀咕呢！我们会想：我怎么和其他同学不一样啊，是不是我有什么毛病啊？等等，这反而让我们内心充满了疑惑。

青春期的男生出现了胡须、腋毛、阴毛、体毛、胸毛等毛发的生长。男生这些毛发的发育因人而异，因个体之间的差异而存在不同，有的男生是腋毛先于阴毛出现，胡须与腋毛几乎是同时出现。也有的男生是阴毛最先出现，其次是腋毛，腋毛出现一年后，长出胡须。长胡须是青春期男生第二性征的一个表现，是由于男生进入青春期后，睾丸里分泌的雄激素激发出来的。有的同学出现得早一些，有的晚一些，这都是非常正常的情况。

汪晓宁正在读初中二年级，他发现自己的嘴唇周围长出了一圈颜色重重的“毛毛”，再细心观察其他同学时，并没有发现和自己一样的情况，都是淡淡的样子，也不是那么引人注目，心里总是感觉有好多人在关注着自己这“毛毛”。看着这越来越茂盛的胡须，真希望能有什么办法，将它们消灭掉。但是，又听见爸爸说，如果将其刮掉，会越长越浓，越长越硬。有一次，他

索性使劲地拔胡须，不料，下巴上被拔得流出了鲜血，甚至嘴唇周边还出现了脓包。他心里很是焦急，也很不安。

汪晓宁这样的经历，你是不是也有过呢？他是因为对这方面知识了解得不够全面造成的。既然他这么在意长在嘴唇周围的胡须，那么我们就来谈谈这个困扰着男生的问题吧。

因为每个人长胡子的时间是不一样的，所以胡子的浓密程度也存在差异，这也就意味着刮胡子的时间也是因人而异的。大多数男生的胡子在正常情况下，只是在嘴唇的周围长出一些颜色浅浅的茸毛，这不是真正的胡须，因此，这个时候不需要刮胡子，因为过早地刮胡子会刺激和促进胡须的迅速增长，使得胡子越来越密。像汪晓宁因为随意拔胡须而伤害了自己，这样的行为我们要杜绝。我们要适应成长给予自己的这些奇妙的胡子，要友好地迎接它们的到来。我们要从根本上了解胡子复杂的结构。能够用肉眼看到的胡子只是外在的一部分，称之为“毛干”，而另一部分“毛根”却深深地埋藏在皮肤里面，是我们肉眼所看不到的。看不到的部分有着复杂的结构，毛根的周围是毛囊，在我们能够看得见的胡子旁边有大量的皮脂腺。为什么汪晓宁在拔掉胡子的时候出现了脓包？这是因为在用力拔掉胡子的时候，拔掉的不仅仅是毛发，还损伤了毛囊和皮脂腺，滋生了很多细菌，于是引起了皮脂腺炎、毛囊炎等症状，严重者甚至会危及生命，这可不是危言耸听。再说，胡子是怎么拔也不会斩草除根的，我们以后可不要再做这样的傻事了啊！

正是因为如此，学会正确刮胡子是非常重要的。随着我们一天天长大，我们的胡子也在慢慢地变浓了，很显然，任其自由发展，就会不成样子。为了展现出我们的飒爽英姿，胡子还是要保持整洁、干净、得体。这就需要我们掌握正确的方法。使用的剃须工具不同，方法也不同。如果我们用的是刀片，就要采用湿刮的方法，这样的方法要注意在刮胡子之前用清水把脸浸湿，再用热的湿毛巾将脸热敷至少 5 分钟，在有胡须的皮肤上打上肥皂沫，以便更好地浸湿皮肤。刮胡子的时候，可以在商场或者超市选择专用的刮胡泡，刮胡泡能使胡须变得柔软，更容易将胡子刮得干净，刮得彻底。用刀片刮胡子最好是按照顺序刮，先从一只耳朵旁边开始，慢慢地向下依次经过面颊、脖子、下巴等地方，接着用同样的方法从另一只耳朵旁边依次刮过去，其他的地方也要留意刮干净。刮胡子的时候，一定要小心，免得伤害自己，减少对皮肤的刺激、刮伤，避免出现浮肿、发红和疼痛的情况。

当我们选用的是电动剃须刀时，就要选择干刮的方法，干刮就非常简单了，没有湿刮那么多程序，将电动剃须刀和皮肤轻轻地接触，顺着胡子生长的方向刮，慢慢地通过面颊、脖颈这些长满胡须的地方就行了。

关于胡须，我们男生根本不用太焦虑、太紧张，因为在我们青春期十五六岁的年龄，所谓的胡子只是一层淡淡的茸毛，不必为此烦恼。

青春期来临了，女生的腋下长出了许多细毛，我们称之为“腋毛”，阴部也逐渐长出了些许的毛毛，是阴毛。腋毛、阴毛的出现是性发育的标志之一。每个人发育的情况不一样，所以，不论是先出现阴毛，还是先出现腋毛，都是非常正常的现象。

青春期的到来，身体发育的完善，男女生的胳膊和腿上的汗毛的颜色明显有所加深，尤其是男生，有的都变成了黑色，但是女生的体毛稀少，颜色也是淡淡的，这是因为男生与女生的发育存在着很大的区别。可不要小看体毛，体毛对我们的身体有着非常重要的作用。人体要通过排汗来调节体内温度，以保持与外界温度的相对稳定，否则就会生病，而汗毛就是生长在汗腺上的，用来排汗，汗毛是通过立毛肌的收缩来控制的，热的时候立毛肌舒张，汗毛就贴在人体表面，冷的时候立毛肌收缩，汗毛就会立起来并形成鸡皮疙瘩。尤其是男生，运动量较大，排汗较多，这也是为什么男生会比女生的汗毛粗一些的原因所在。

通过我们的交流，伴随我们一起成长的这些“毛毛”，你还不适应吗？我们应该用友好的态度，像接纳我们的朋友一样，迎接它们的到来，因为这是我们长大的见证！

成长训练

有时候，当你率先出现这些“毛毛”，而别的同学还没有出现，他们往往会将你看做异类，会非常好奇地观察你，甚至嘲笑你。那么，在这种情况下，你会怎么做呢？是真将自己当做一个异类来看待，还是运用你所掌握的生理知识给他们上上课？在这次成长训练中，就是要给那位嘲笑你的“毛毛”的同学写一封信，告诉他相关的知识。那么，你会怎么写呢？

“性幻想”“性困惑”不是见不得人的事

我们充满了活力，充满了朝气和希望，同时也存在成长中的冲突和困惑。生理的快速发育，使我们的生命发展进入了另一个阶段——青春期，这是生命发展的第二个高峰，身体和体重快速增加，各个系统和器官也在发生着变化，出现了第二性征，生殖发育或性发育，给我们带来了很多困惑，使得我们更加关注两性之间的关系。这时候，我们会面临一些性幻想，从而出现一些性困惑。

性幻想是什么呢？其实，性幻想就是指联想异性的形象、异性的性特征、性表现外露的部位及一些性情境的产生，可以理解为性的白日梦。在我们成长过程中出现性幻想是正常的。但是，如果过度的性幻想可能会对我们的生活、学习造成影响。

那么，什么是性困惑呢？性困惑是指我们对身体出现的生理变化，因为缺乏思想准备而产生的心理上的不适应现象，不能客观地认识自己的身体及第二性征，我们就会出现害羞、不解的心理困惑。因此，我们要科学理智地认识自身生理发育成熟、性意识出现的现状，做好心理上的准备，愉快地接纳自己的变化，而不是因此自我否定、恐惧纠结。

谢雨欣同学现在正读初中二年级，这段时间不知是怎么了，总是喜欢偷偷拿着镜子在自己的房间里对镜子里的自己仔细端详。她自己也感觉奇怪，怎么这么在意自己的样子呢？并且开始不满意自己的样子，觉得自己眼睛虽然又大又有神，可是头发长得卷卷的，没有同桌那个女孩的头发漂亮。性格开朗的她，以前总是喜欢和男生打成一片，经常和男生一起打篮球、打排球，但是，这个学期，她见了男生总是躲着走。老师也发现了这个问题，谢雨欣没有原来那么爱说话、爱调皮了。老师找她谈了谈，原来是她发现自己的身体和原来不一样了，声音的音调变高了，乳房变得丰满而隆起，开始出现了月经，她的内心充满了困扰、自卑、不安、焦虑，见到男同学总是躲躲闪闪的，不敢接近，并且自己心里也有了一个喜欢的男生，更显得不自然了，很在意这位男生的看法。甚至，有时候脑海里还会出现与那个喜欢的男生拥抱、亲吻的幻想情景。

上文中谢雨欣的表现，完全是青春期生理发育带来的心理困惑和迷茫。其实，这是青春期的正常表现和感受，不必担心和焦虑。但是，我们要明白青春期关于性的一些常识。

青春期，我们的性意识开始觉醒。只要谈到性就一定是男女异性。在性意识觉醒的发展中，主要分为三个阶段。

第一个阶段主要表现为对异性的疏离与排斥。这一阶段是短暂的，大约出现在小学高年级及中学低年级时期，由于对生理发育的不安和烦恼，很多同学对异性会有意疏远，表现为不愿与异性同座位，与异性同座位划分“楚河汉界”，在活动中躲避与异性接触，男女界限分明，对经常交往的异性同学进行嘲讽等，出现了“心相近而形相远”的现象。

第二个阶段表现为对异性的关注与接近，这一现象经常出现在初中二、三年级，此时会表现为刻意地修饰打扮自己，并以各种理由接近异性，相互产生莫名其妙的好感，对异性表现出从未有过的关注和关心，少数大胆者会以写纸条、写信来表示对对方的爱慕。此阶段的少男少女正处于钟情、思春的朦胧状态，其对异性的关注具有明显的好奇性、试验性、模仿性和盲目性。

第三个阶段是恋爱阶段，表现为对异性追求与爱恋的行为。随着对异性关注的增多和接近的频繁，中学高年级的学生已经能够感受到异性吸引的情感撞击和性欲的冲动。当这种心理较为专一地指向某一异性时，便有了纯洁而幼稚的初恋，并可能产生相应的追求行为，持续的交往、相互的爱慕，就进入了恋爱之中。

我们了解了内心困惑的原因之后，就要知道在平时学习、生活中，怎样才能安全、快乐地度过青春期的迷茫和困惑。

首先要客观了解关于性方面的生理、心理的基本知识。我们可以通过爸爸妈妈，知道关于性方面的知识，如果不好意思直接问，我们可以用书信的方式向爸爸妈妈请教。也可以在周末的时候，到书店通过有益的相关书籍了解关于性方面的知识。在学校里，可以寻求心理咨询师的帮助，从而了解相关的知识。但是，一定不能茫然地模仿电影、小说描述的不良情景，亵渎了性知识，这样不仅不能帮助我们更全面、更科学地了解相关的知识，还会让我们走入误区，对“性”有了错误的了解，这不仅帮助不了自己，还会让自己更加困惑。

其次，我们要树立正确的道德观念，做个有责任感的人。当我们出现了“性幻想”或者“性困惑”的时候，要树立正确的道德观念，要自尊自爱，还要尊重别人。要能够理智看待这些问题，能够在恰当的时候学会控制自己的情绪，转移自己的注意力，学会克制自己的情感。不要因为困惑、因为冲动而过早地尝试早恋，让自己和别人都陷入成长的痛苦，浪费美好的学习时光。要做一个责任感强的人。

同时，和异性交往要把握尺度。处于青春期的我们，在男女异性交往的时候，和与同性交往有着很大的差别。但是，只要交往的时候能够互相尊重，互相理解，坦坦荡荡地交往，把握适当的尺度，保持一定的距离，就是正常的。不过于亲密，也不过于疏远，保持广泛接触和群体式的交往，少与异性单独接触、单独相处，珍惜男女同学之间纯洁的友谊，消除彼此之间的神秘感和误会，保持良好的交往心态，这样才能真正成为好同学、好朋友。面对“性”的诱惑，能理智冷静地拒绝，这样既保护了自己，也是对别人负责，不仅提高了和异性正常交往的能力，还获得了真诚的友谊。

成长训练

青春期对于我们的成长来说，是一个不好跨越的坎。但是，尽管充满了困惑，充满了诱惑，充满了迷茫，只要我们有良好的心态、坚强的毅力、正确的方式，就一定能拨开重重迷雾，感受到灿烂的阳光洒在我们心灵的角落，我们不禁会感慨："长大真好！"那么，在这次成长训练中，我们来培养一下自己坚定的信念，将那些正常的生理教科书、教学视频与不堪入目的淫秽书刊、乱七八糟的网络视频区别开来，做到不该看的坚决远离，应该懂得的认真学习。只有这样，才可以安全度过这个危险的时期。下面，请列出你所接触到的生理知识方面的书和视频，和同学们一起讨论，看看哪些应该看，哪些应该远离。

青春的身体是含苞的花蕾

青春的身体是含苞的花蕾，多么生动而美丽的比喻！将青春的身体比作含苞的花蕾，让我们感受到豆蔻年华的美好、纯洁，让我们感受到青春的宝贵。青春的记忆应该是最美丽的，我们在等待成熟后绽放出娇艳的花朵，散发出淡淡的芬芳，拥有属于我们自己的美丽，属于我们自己的恬静，属于我们自己的淡雅。现在我们要做的就是爱惜自己这有待开放的身体，同时也学会爱惜别人的身体。

讲到这里，我们不由得会将身体与早恋联系在一起。是啊，如果我们能够正确面对早恋，让我们的身体不受到任何伤害，让我们的心灵不受到伤害，含苞的花蕾就会迎来美丽绽放的时刻，反之，则将是美丽之花的过早凋零，这可是让人想想心里就感到伤感、感到遗憾啊！

早恋容易酿成苦果，造成悲剧。当我们对于爱情的理解和认识还很不成熟，缺乏社会责任感、道德感，缺乏对自身的保护意识，不能很好地控制自己的感情，也不可能承担爱情的社会责任的时候，最终因为不能很好地把握感情，将使自己走入歧途，伤害了自己的身体，也玷污了纯洁的感情，给双方带来了痛苦。

小刚和小丽是同班同学，原来学习成绩非常不错，但是因为过早恋爱，不能够正确处理好恋爱与学习的关系，每天都沉溺于谈情说爱之中，学习成绩一落千丈。老师和家长都看在眼里，急在心里，经过多次交谈，最终没有任何效果，并没能阻止他们交往的脚步。

后来，两个人渐渐发生了身体上的接触，这样次数多了，由于缺乏对性知识的了解，小丽很快就发现自己怀孕了，到医院检查发现是危险的宫外孕，医生说幸亏送来得早，否则一旦出现了大出血，后果不堪设想。

这让小丽和小刚乱了方寸，现在想想要是当初听老师和家长的话，就不会出现这种情况了！然而，他们的行为既耽误了学习，又伤害了身体，从此对与异性的交往也有了一定的心理阴影。

这两位同学的经历，在中学生活期间并非个例，令人惋惜的是有多少朵青春含苞的花蕾毁于无知，毁于随意，毁于自己担当不起的责任啊！

面对早恋，我们不能以身试法，而是要克制自身身体发展的欲望，要经得起任何考验，保护好自己的身体，这是对自己的负责，也是对他人的负责。

进入青春期以后，我们最大的变化就是第二性征的出现，女孩乳房发育，月经初潮来访，腋毛、阴毛等毛发的出现，显现出女性特有的气息；男生生殖器的发育，胡须、阴毛、腋毛等毛发的出现，肌肉变得越来越发达，呈现出了男性特有的魅力。

这时候，我们很容易对异性充满渴望、充满憧憬，这也是引起男女生之间早恋的生理原因。但是，我们的成长要经得起诱惑，才能安全度过多事之秋。一定要弄明白处于中学时期的我们，最主要的任务是学习，而有很多事情不能在自己身上发生，比如早恋，还有过早地涉足性生活等。要为我们自己的青春做好准备，准备好努力学习，准备好与外界的一切诱惑抗衡。要用严格的标准约束自己，如果自己做不到，可以请求老师和家长的监督和督促，使自己在成长的道路上不至于偏离轨道。

这些问题解决了，我们的生活就不会出现这样那样的尴尬，所有的痛苦、傻事都与我们无缘。这是对我们青春的身体的保护。接下来，我们再来了解一下对我们青春的身体的保健。

王若晴非常漂亮，是一个气质很好的女生。最近几天她的脸上出现了很多青春痘，感觉影响了自己美丽的面貌，很是坐立不安，心理压力很大，都不愿意去上学了——到了学校怎么见老师和同学们呢？他们会不会以为这是传染病啊？她的心里充满了这样那样的顾虑。有时候，她忍不住用手挤压，乱涂药物，谁知这样一来反而越弄越糟糕。最后妈妈带着她去医院，医生一看，已经出现了很多脓包，幸亏及时来医院，任其发展的话，后果不堪设想。

正是因为王若晴对青春痘的不了解，过分紧张，才会出现让人后怕的情况。我们脸上的“青春痘”到底是怎么回事呢？

青春痘又被称为痤疮、粉刺，是由于身体内分泌的激素影响的结果。因为皮脂中的皮脂腺受到体内激素的影响而分泌出了旺盛的油脂，很容易形成油脂包，堵塞毛孔，慢慢形成硬点，引起皮肤发炎，这样就形成了青春痘。精神压力过大，内脏功能减弱，自律精神紊乱，运动不足，睡眠不足，洗脸过于频繁，也容易形成青春痘。

因为我们的身体在渐渐趋向于成熟，所以会有很多的变化，青春痘是年轻、有活力的标志。当青春痘已经来到我们脸上的时候，要用平静的心态去接纳。要保持皮肤的清洁。因为皮肤容易分泌一些旺盛的油脂，尤其是在晚上睡觉以前那段时间，这个时候，一定要养成睡觉前用温水清洗脸部的好习惯，选择能够更好清洁面部的洗面奶或者洁面乳，一定要适合自己的皮肤，选择的时候要慎重，免得对脸部造成第二次伤害。洗脸的次数不要过于频繁，医生建议一天时间内洗脸 2 ~3 次就可以了。不要像王若晴那样乱用药品，一定要听医生的嘱咐，在医生的指导下科学地用药，不要盲目听信广告宣传，以免上当受骗，耽误了最佳治疗时期，造成不必要的痛苦和伤害。

在饮食上一定要合理，不要过多吃一些辛辣的食物以及容易导致过敏的海鲜类食品，要选择一些清淡的食品。适当进行体育锻炼，劳逸结合，精神愉快。适当锻炼身体，会促进身体的新陈代谢。不要因为长了痘痘就有很重的心理负担，保持愉快的心情最为重要，在乐观向上的心情面前，什么都会被吓跑的，更何况只是这小小的痘痘啊！

青春的身体是含苞的花蕾，我们要善待自己，保护自己，要防止外来的伤害，也要避免自己对自己的伤害。用平常心来等待花开的季节，等待绽放出属于自己的美丽，属于自己的幸福和快乐，是我们目前需要做的。

成长训练

这次成长训练，是要我们坚定自己的信念，严守自己的底线。青春是满含激情的绽放，但不是恣意的放纵，青春是有底线的。请在下面的空格内，谈一谈你的青春底线有哪些，比如关于和异性同学相处的底线，比如与学校以外的人接触时的底线，等等。一个有底线的人，是安全的；一段有底线的青春，是美丽的。

爸爸说给青春期儿子的秘密话

平时爸爸经常和你交流关于成长中的一些问题吗？如果答案是肯定的，那恭喜你有一位关心你的好爸爸。

渐渐长大的我们，现在正处于青春期，从幼稚的小男孩慢慢变成成熟的青年。我们在进入青春期以后，生理、心理上都发生了很大的变化，比如长痘痘，长胡须，骨骼变粗，声音变粗，性器官开始发育，开始对异性产生好感，不再想听取家长的意见、老师的教诲，出现心理叛逆，等等。突然之间，有了如此大的改变，你要怎样接受？青春期是我们人生的过渡期，走好青春期是我们将来走上成功的基础，在这个美丽的花季、多情的雨季里，有爸爸的陪伴，我们一定能够走好。

爸爸告诉我们，要正确看待身体的变化。

小杰正在读初中二年级，但是他发现，自己的身体有了变化，颈上有了喉结，声音也不是自己原来的声音了，说出的话低沉而浑厚，本来很活泼的他，现在都不敢多和同学说话，上课也因为自卑，怕别人过度地关注自己的变化，很少举手回答问题，心里很是恐慌，也很焦虑。他已经不能集中精力学习了。

爸爸听到老师反映的这个情况后，很温和地和小杰谈起这些问题，从而让小杰知道了很多关于青春期身体发育的知识。原来，在我们身体发育的过程中，有两个生长高峰期，第一个高峰期是在出生后的第一年，而另一个高峰期就是现在我们所处的青春期。这时候我们的身体出现了很多变化，外在的，内在的，出现了第二性征，男孩的第一次射精，说明性的渐渐成熟。身体外形的改变，内脏机能的健全，性的逐渐成熟，是我们进入青春期以后生理的重要变化。

爸爸告诉我们，要正确面对恋爱。

正在读初中三年级的成成，不知为什么，总是对女孩子充满了冲动的感觉，非常向往和喜欢的女生交往，总是希望能对女生的身体有更多的了解，感觉非常神秘，非常朦胧，非常好奇。自己想想，感觉自己好像变坏了，但是又不能控制这种欲望，内心非常矛盾，非常纠结，于是，就实事求是地把自己的困惑告诉了爸爸。

爸爸的一番话，让成成消除了困惑。原来，随着青春期的到来，我们在性发育上有了明显的变化，这样的变化正是我们从童年过渡到青年的必经阶段，每个男人都要经历这些困惑，这是正常的现象，但是我们要学会克制自己，不要过早恋爱，酿出苦果。所以，正确对待恋爱，是一个非常重要的问题。我们这个年龄段的恋爱，一般要经历疏远异性、接近异性、进入恋爱的三个阶段。在和异性交往的时候，尽量少单独接触，如果必须要单独接触的时候，谈话时间不宜过长，特别是关于性的问题，一定要避而不谈，尤其是男孩，不要做不负责任的事情，伤害了女孩，也伤害了自己。

与女生交往的时候，一定要严于律己，心胸宽广，不能过于拘谨，引起对方误会。如果真的喜欢一个女生，也不要急于表达，应该将这份朦胧的爱，深深放在心底，化成学习的动力。建立一种友好、平等、健康的同学关系，能够在学习、生活上互相支持帮助，建立深厚而长久的友谊，友谊比爱情更为纯洁，更为永恒！

爸爸告诉我们，现在主要的任务是学习，应该把精力投入到学习中去。

谢浩龙和曹欣欣在学习上相互帮助，心照不宣地喜欢对方，但曹欣欣见到谢浩龙时失去了原来的自然和开朗，而且总是想避开他的眼神，避开有他的地方，这份焦躁和忐忑已经影响到她的学习了，成绩下降很快，谢浩龙感受到了她所有的变化，心里很是着急。

于是，在一个周六的上午，谢浩龙主动约曹欣欣交流，共同面对这个问题。他既担心而又充满自信地说："现在还不是谈恋爱的时候，我们应该把精力用在学习上，看到你的变化，我很担心因为这些事情耽误了学习，我们努力学习，彼此约定在大学校园里再恋爱。"她眼含泪花，默默点头。什么都说开了，彼此把这份感情当成了学习的动力，当成了美好的希冀。

爸爸知道了谢浩龙能这么理智地处理学习与恋爱之间的关系，非常欣慰，感觉自己的儿子真的长大了。大家想想看，如果你遇到这样的问题，会怎么处理？我觉得理智地选择学习，是最好的方法。因为，学习是我们的主要任务。

爸爸还告诉我们，要树立正确的道德观，做一个心胸宽广的人。

由于青春期是一个非常敏感的成长时期，在这个阶段，会出现这样那样的问题。有时候，处理不好男女之间的关系，会导致一些极端行为的出现。因此，男子汉就应该有正确的道德观，要懂得自尊自爱，懂得尊重别人，尊重自己。

不管遇到什么事情，一定要克制住自己的情绪，不能任其发展，千万别因为一时的冲动、暴躁酿成大祸，到时候后悔晚矣。当不良情绪来临的时候，我们可以深呼吸，不断压制自己的情绪，也可以听听音乐，分散注意力，还可以找个对脾气的伙伴，说说知心话。对于别人的过失，不要太斤斤计较，那样大家都累，也不利于问题的解决，不利于同学之间和谐相处。"退一步海阔天空，忍一时风平浪静。"我们要做一个心胸宽广的人。

青春期，成长路上有爸爸的陪伴，多了一个朋友，多了一份理解，我们不要有什么担忧，轻装上阵，快乐地度过这难忘的日子，回首望去时，你会由衷地说一句——谢谢爸爸！

成长训练

这次的成长训练，是请你在下面的空格内，写出你的爸爸在你青春期的时候，跟你还说过哪些“秘密”，一一列在下面，然后再想一想，你还想知道哪些“秘密”，也一一列出来，然后逐一向你的爸爸请教。

妈妈说给青春期女儿的悄悄话

俗话说：“女儿是妈妈的贴心小棉袄。”

是啊，我们从小就懂得去体贴妈妈，为妈妈做一些力所能及的事情。如今我们慢慢长大，到了青春期的我们，需要妈妈更多精神上的关怀。因为我们已经度过了儿童期，身体上有了很大的变化，心理上渴望独立，但是还存在着对妈妈的依赖，心里有了小秘密，不愿意让别人知道，面对成长中的很多困惑，妈妈经常很欣慰地告诉我们很多悄悄话，在妈妈的陪伴下，我们一直都在快乐地成长。

妈妈告诉我们，要正确了解自己的身体变化，不要恐慌、焦虑。

李小冉，正在读初中一年级，她发现自己和原来不一样了。前几天洗澡时，摸到那隆起的乳房，感觉硬硬的。有时乳房与乳头会有发痒的感觉，上课的时候，也不好意思用手去挠，总是坐立不安，听课总是走神。随着月经到来，还有轻度的疼痛，让她感到心烦意乱。妈妈给她讲解了关于青春期女孩的生理发育特点，这样一解释，李小冉感觉这是自己在慢慢长大，心里的疙瘩也解开了。

原来，随着青春期的到来，我们的身体都在迅速地成长，并逐步向成熟过渡。此时的女孩，音调会比原来变高，乳房丰满而隆起，并且出现腋毛及阴毛，显现出成熟女性特有的体态模样。尤其是当月经初潮来临的时候，是青春期开始的一个重要标志，也是我们走向成熟的标志。小冉提到的乳房异样的感觉，是乳房的正常发育，乳房的发育说明我们在走向成熟，正是慢慢隆起的乳房，才体现了我们身体的曲线美和健康美。每次月经来临的时候，常会伴有乳房胀痛、小腹疼痛的症状，大家不必过于担忧，这是正常的。在妈妈的讲解下，我们是不是对自己有了更多的了解呢?

妈妈告诉我们，要处理好和男生的关系。

正处于青春期的我们，因为生理上的急剧变化，让我们对自己有了更多的了解，对性也有了一些朦胧的向往。通常表现为非常注意自身外在的形象，在乎同学的评价，特别在意异性同学对自己的评价，并渴望与异性交往，但是在交往的过程中，内心非常纠结，心理非常复杂、非常矛盾，渴望接近对方，又害怕和对方相处，内心非常羞涩，总是遮遮掩掩、神神秘秘、羞羞答答的样子。这份渴望与逃避的纠结，如果处理不好，往往会造成严重的心理负担，直接或者间接影响学习，影响生活，影响正常的人际交往，让我们面临很多青春期的苦恼和纷扰。

谢晓琴，正在读初中二年级，最近一段时间总是非常恐慌和不安，原来她喜欢上了自己的班长。在她心中，班长不仅长得帅气，而且学习优秀，做事干练。谢晓琴总是希望他能在讲台上多讲几件事情，总是希望他在发学校通知的时候，能从自己身边走过，让自己感受来自他身上的气息，总是希望……她的内心对自己喜欢的男生充满了渴望，充满了憧憬。心里有喜欢的男生，说明自己长大了，也很为自己高兴，但是想想也不能和他坦白，不能和他谈恋爱，心里又很伤心。自己该怎么办？于是，她告诉了妈妈，和妈妈做了一次深刻的沟通、交流，通过交流她找到了方向，心里如释重负。

处于青春期的我们，情感有了很大的变化。情感的方向发生了变化，由原来对亲人的浓浓之情，延伸到对同学、老师的喜欢、崇拜等；由原来只爱自己，发展到对班集体、对家乡、对祖国的热爱，偶尔会关心国家大事。这都体现了我们在向社会性发展。最明显的是对异性的关注和喜欢，因此，就出现了早恋这个现象。当出现恋爱问题的时候，要明确自己的主要任务是学习，过早地尝试恋爱，毕竟会因为自己的不够成熟，无法承担责任，尝到苦涩的味道。和男生交往的时候，距离不能太近，也不要采取故意躲避的做法，要做到坦坦荡荡，成为好朋友，拥有一份珍贵的友谊，更有利于我们成长。

妈妈告诉我们，要正确评价自己，要有一份乐观向上的心态。

“海纳百川，有容乃大”，内心在容纳别人的时候，容纳万事的时候，最主要的是愉快地接纳自己，正确地评价自己。要看到自己的成绩，看到光明，也要接纳自己的不足之处，因为“金无足赤，人无完人”。

青青，学习成绩非常突出，字写得也非常漂亮，老师和同学们都非常欣赏她，但是她却不怎么喜欢自己的样子。她总觉得自己的眼睛小小的，个子矮矮的，也没有什么气质，觉得自己不是老师说的“朴素大方”，而是自己认为的土里土气。这是对自己一种不正确的认识。青青应该学着接纳自己，还要看到自己在学习上的优势。所以，正确评价自己是非常重要的。

不论遇到什么事情，我们都能够积极进取，永不畏惧，拥有一份乐观的心态。乐观向上的人，能将所有困难视为等闲，能适应并改造任何不利的环境，勇敢而有智慧地面对现实，解决问题。相反，长期陷于忧愁苦闷之中的人，往往情绪低落，甚至因为一次考试的失败，就一蹶不振，忧心忡忡，更有甚者，会出现轻生的念头。这是非常危险的。

心理学家霍林沃斯，将我们发生生理、心理变化的青春期比作是“幼儿的断乳时期”。幼儿断乳意味着与母亲身体的完全脱离。而进入青春期的我们，是要从心理上摆脱对父母情感上的依赖，出现很多问题是正常的，但是，有妈妈的陪伴，有妈妈的理解和指导，我们一定能够安全、愉快地度过这难忘的青春期。

所以，我们要好好地听妈妈的话。这样，我们当然需要学会与妈妈交流。在与妈妈交流的时候，一定要克服不好意思的心理，要敢于开诚布公地与妈妈说心里话，说出自己的困惑。在这样的情况下，母子和母女之间才能够心无隔膜，跟朋友一样沟通、交流，在妈妈的指导下，使我们健康快乐地成长。

成长训练

其实，在我们这个年龄段，往往有逆反心理。也就是对大人的话，我们往往不以为然，甚至觉得爸爸妈妈说话不漂亮，没有道理，太落伍了。其实，这样的认识是错误的。大人之所以那么说，之所以那么教育我们，其实是有他们的根据和道理的。在这次的成长训练中，不妨让我们回想一下，妈妈对我们说过的话中，有哪些遭到了我们的反对，请一一列出来，再仔细想想看，妈妈说的，是不是有道理。

第五章

解除情感困扰，青春神采飞扬

偷偷喜欢他

青少年不同年龄段的成长，有不同的心理特点，偷偷暗恋某个人，是我们这个年龄段表现的最突出的特点。在这个年龄段，我们逐渐成人化，生理、心理慢慢变得成熟起来，很多时候总觉得自己已经长大，在情感问题上也希望能够独立，开始关注异性，对异性充满好奇与渴望，对爱情充满美好的幻想与向往。于是，心里对异性开始有了一份默默的爱意或好感，但不曾表达出来，这就是对异性的“暗恋”。

这是一种正常的现象，千万不要感到紧张、焦虑和不安。这是每个人在成长过程中都要经历的一个过程。“暗恋”也叫“单相思”，具有单纯性、朦胧性和矛盾性，让我们走进下面的故事，就能更好地理解。

正在读初二的范萱萱，这段时间总是觉得心神不定，无心认真听课、学习，也无心参加任何班级或者学校组织的课外活动，经常傻傻地站在窗口望着马路上川流不息的汽车。她总是心里烦躁不安，当然也有一份欣喜——她偷偷喜欢上了班里的一位男生。

他们两个人，一起读完小学六年，学习成绩一直都非常优秀，在班级里都是同学们学习的榜样。每当彼此过生日的时候，他们都会参加对方的生日聚会，相互赠送礼物，送给对方美好的祝福。那时候的萱萱把他当成好朋友、好伙伴，自己也不明白怎么会变成现在这个样子，心里很是焦虑和不安。看到长得又高又帅气，学习成绩又那么突出的他，萱萱看到的都是他的优点，这份喜欢总是那么不由自主，难以控制。于是，萱萱开始默默关注着他的一举一动，如果见不到他，就会猜想或询问他干什么去了，如果其他同学无意中谈起他，萱萱会非常注意地倾听，表现出极大兴趣，总是想对他有更多的了解。她感觉自己和以前真的不一样了，希望每时每刻都能看到他，否则心里就会非常空虚、迷茫。每当两个人聊天时，或者是目光碰到一起的时候，萱萱总会觉得他也在偷偷喜欢自己。她心里很是苦闷。

我们读了范萱萱的这段心路历程，不妨来解读她的这种现象的心理特点和行为特征，更深入地理解关于“暗恋”这个问题。

范萱萱对这个男同学的过分关注，让我们能够感受到她内心深处的喜爱之情。萱萱自己总是不由自主关注他的言行举止，也会通过同学们的言语信息间接地关注他。萱萱的暗恋，总觉得他也有同样的感受，觉得对方也如同自己一样，就会在无意之中，常常把对方的言谈举止理解成和自己一样有着相同的情感。故事中虽然没有详细的叙述细节，但是我们可以想象得到，他无意的话语、眼神或表情，一定能引起萱萱长久的喜悦和激动，这是对爱情的一种美好的憧憬和期待。

虽然萱萱认为他也很喜欢自己，但因为没有坦白这份心迹，没有得到证实，所以她并没有十分的把握，因此，萱萱常处在困惑不解、疑虑猜测的状态下。她常常独自幻想，用憧憬和想象编织关于和他甜蜜而迷人的美好爱情。她对自己的这份发自内心的感情看得很重，认为自己的爱是真诚无私的，内心深处渴望得到他感情上的回报。尽管萱萱没有表白，他好像不知道，但我们都能知道，长此以往，他会感觉到的，虽然萱萱不曾表达这份感情，但是她会有意无意地用委婉、含蓄的方式向他暗示自己的爱，一个含情脉脉的眼神，一句旁敲侧击的话语，都会让处于情感敏感期的他感受得到。

范萱萱苦闷的原因是很显然的，内心这种对感情的热烈向往，却又不敢表露心迹的困惑，让她心里很是纠结。她尽管十分向往，但却不敢轻易向他表白，唯恐从他嘴里说出一个“不”字，这份将深情藏在心里，却又急切地期待着对方吐露爱情的自相矛盾、担忧和害怕，不仅没有得到爱情，还把正常的友情也吹跑了，萱萱承受了这个年龄不该承受的忧郁和苦闷。

我们解读了范萱萱的这份内心纠结，成长的痕迹，是不是觉得自己心中也在偷偷喜欢一个人，也有同样的感受呢？我们应该怎样面对“暗恋”这个问题呢？我们一起想想办法吧！

理性认知，区别“爱情”和“友谊”。爱情是专一的、持久的、互动的、隐蔽的，而友谊则具有广泛性、随和性、公开性。当自己认为已经喜欢上一个人的时候，要想想对方对自己表现出的好感究竟是“爱情”还是“友谊”。怎么来分辨呢？友谊是公开的，是光明正大的，而不像爱情有隐蔽性。一定要冷静分析，理智思考，切不可因为这些事情让自己苦闷、沉沦、痛苦，影响了正常的学习和成长。

让自己忙碌起来，做有意义的事情，转移注意力，勇敢地退出。当感觉自己喜欢上一个人时，可以去做一些自己喜欢的其他事情，用坚强的意志摆脱这种没有结果、没有意义的困扰。我们可以和要好的朋友一起参加一些郊游、文娱等活动，积极参加有意义的集体活动，广泛结交志趣相投的朋友，扩大视野和生活的圈子，收获更多的友谊，使得注意力由对方逐渐转移到学习、生活的正轨中，勇敢退出感情的“海市蜃楼”，做一个智慧、果断的中学生。

遇到自己无法排遣的忧郁，一定要寻求老师、朋友和家长的帮助。当我们感到困惑或痛苦的时候，可以把暗恋的缘由、经过和苦闷，向自己信任的人倾诉，听听他们的看法，这样能让我们在迷茫的时候找到前行的方向，切不可一个人独自承受。

我们遇到暗恋的对方，行为举止一定要坦荡自然，友谊是存在的，交往是要继续的。我们不妨这样做，发现对方的优点来作为自己学习的目标，将其看成自己的榜样，将精力投入到学习知识中。长时间这样，我们或许会发现所谓的感情根本不存在，存在的，其实是你对他或者她的那些优点、长处的向往。

成长训练

偷偷喜欢一个人，是一种正常现象，最重要的是我们在面对、经历的时候，应该拥有一份良好的心态、正确的看法、有利于我们成长的行为决策，做一个在经历中快乐成才、在问题面前乘风破浪的中学生。这次成长训练是请你为那个暗恋的人，悄悄写一封情书，将你真挚而浓烈的倾慕之情写在纸上，但是，并不将情书送给那个人，而是写在下面的空格里。在过去很多年以后再看，这份纯真将会让你感动不已，因为这是那段纯真暗恋最美好的记忆。

我可以和你约会吗

“我可以和你约会吗？”

这样简单的一个问题，可能也是我们平日里随口说出的一句话，细细想想，却带给我们无尽的思考。

这个问题的出现，说明我们真的是在长大，同时也是对异性朋友的关注，对美好爱情的向往，渴望能有一个和我们志同道合、兴趣相投的异性朋友，一起去经历，一起去成长，感受中学时光的美好和难忘。这也是我们这个年龄段的特点，我们正充满了活力，有着蓬勃的朝气和热切的希望，同时也存在着成长中的各种冲突和困惑，这是一个充满矛盾和危机的时期，恋爱问题也是我们必须要面对的一个话题。

杨明明正在读初中三年级，他很认真，也很真诚地喜欢上了一个女孩，并且恋爱了。他们经常在学习之余一起逛逛街，到肯德基、德克士吃顿晚餐等，这就是我们说的约会吧。明明和爸爸如同哥们儿一般，关系非常融洽，爸爸非常信任他，他这么多年也养成了什么都告诉爸爸的习惯，因此，他毫不犹豫地将这件事告诉了父亲。

父亲听后，语重心长地对儿子说：“你如果真的爱这个女孩，你就要对她一辈子负责。但是现在你都不能很好地对自己负责，你的前途还不知是什么样，今后你还要读大学、研究生，如果在今后的学习和生活中遇到了你认为比她更好更优秀的女孩，怎么办？”

明明痛苦地说：“可是要让我离开她，我会感到很痛苦。”

父亲说：“初一时我给你买的 MP3 呢？”

明明回答说：“你不是给我买了一个更高级的 MP4 吗？我早把它送给别人了。”

聪明的他马上反应过来，他明白了爸爸这番话是什么意思。最后他说：“爸爸，什么都别说，我懂了。”这个男孩从父亲的话里，明白了爱是需要等待，是需要责任的。因为只有等待，才会找到心智真正成熟后的幸福爱情。

这是一对智慧的父子，父亲让儿子明白爱情需要的是等待，需要的是恰当的时机。在人一生的情感当中，我们与异性之间的情感是最令人魂牵梦萦的，不论父母怎么反对，老师如何引导，都不能阻止我们对恋爱的渴望。当爱情来临，我们该怎么办呢？不要着急，我们一起来寻找答案。

我们一定要明确自己这个年龄段最重要的任务是学习，一定要树立远大的志向，将精力集中用在学习上面，而不是将精力用在约会、恋爱上，因为感情的困扰会荒废了宝贵的学习时间，从而荒废了学业。离开了学业的爱情，就如同没有方向盘的帆船，很容易迷失方向，迷失自我。

如果恋爱影响了学习，一定要毅然决然“忍痛割爱”，走到正常的学习轨道中。如果在此过程中遇到问题和困难，可以诚恳地寻求老师的帮助，家长的理解。当然，也不缺乏因为共同的学业奋斗目标而恋爱的事例，不仅增进了友谊，而且在相互交往、共同努力中彼此交流更好的学习方法，提高了成绩。

中学时期的爱情是美好的，更是纯洁的。我们不要以身体和金钱的占有为目的，因为这不是爱情。爱情是要对自己、对对方高度负责，身体不能受到无法弥补的伤害，精神和心灵也一样不能受到不必要的伤害，这样的伤害会给我们的内心留下伤痕和阴影，影响我们将来对爱情的理解，对婚姻的理解，乃至以后的幸福。

所以，作为学生的我们面对恋爱对象、面对自己的时候，一定要多一些理智，多一些克制，多一些理解，多一些体谅，多一些帮助。至此，我们想到了同学之间的友谊，爱情和友谊相比，友谊更为长久，更为豁达，既然我们无法把握彼此爱的方向，也无法采摘爱的甜美果实，我们为什么不尝试着将这份可能会带来累累伤痕的爱情变成美好而纯洁的友谊呢？等到有一天我们真的长大了，想起来也是一份美好而珍贵的回忆。

友谊是明亮而温馨的灯，照亮了我们心中的黑暗和阴霾；友谊是容纳百川的大海，能够收获快乐，分享快乐；友谊是人与人之间的亲密感情，我们和异性之间的交往也需要互相信赖、理解、关心和帮助；友谊是当你取得成绩时，有彼此的祝贺，感到更加幸福，当有困难时，有对方的关心、安慰和帮助，就能增强战胜困难的勇气。

友谊是我们中学生最好的选择。选择了友谊，就没有了爱情的迷茫；选择了友谊，就没有了爱情的痛苦；选择了友谊，就没有了爱情的忐忑。

谈到恋爱，就势必会想到失恋。失恋正如同我们有一次作业没有完成好，我们在一次考试中没有发挥好一样，是很正常的事情，把这一切看成只是情感暂时的失败，用良好的心态去面对这暂时的痛苦，并且应感谢这份经历，给予我们成长的机会，或许下一次就能更好地面对和处理再次出现的爱情。

这样想，心里是不是就轻松多了？因为我们在失恋后可以变得更加成熟，也可以从中学到关于如何处理与异性交往的方法和宝贵的经验。失恋后的这份痛苦让我们变得更加镇定，从容地面对将来，更加认真地面对自己，也让自己更加科学地对待自己的生活和幸福。

所有的事情都是具有两面性的，有好的一面，也有坏的一面，最主要的是我们要用良好的心态看好的一面，这样就能永远快乐。

我们这个年龄段的爱情就像树上的果子，性急的人不等成熟就去采摘，结果只能品尝到青涩的苦；如果耐心等待，当它变得又红又大时，就能品尝到果子的甘甜。爱情的果子，本该是幸福的果子，香甜的果子，美好的果子，不要因为我们过早恋爱，过早约会，而葬送了这美好的爱情，等一等吧，等到我们有了爱的能力，等到我们真的长大了，等到我们为爱做好一切准备的时候吧！

此时，当有人向你发出约会邀请的时候，你知道该怎么应对了吗？

成长训练

恋爱、约会，是我们非常渴望的事情，但当一切来到我们面前时，我们是逃避还是珍惜，每个人的情况不一样，观点不一样，追求的目标也不一样，但是有一点是一样的，我们都要对自己和别人有一份高度的责任感。在这次成长训练中，假设你也迎来了一场初恋，并且那个他或者她第一次向你发出了约会邀请，那么，你会怎样处理呢？请将你的真实想法写在下面的空格内。

如何度过“异性好感期”

我们正处于朦胧的青春期，在生理和心理方面都有了非常大的变化，在各方面也慢慢变得成熟起来。

这时候的我们往往发现自己对欣赏的异性有了微妙的感觉，产生了浓厚的兴趣。主要表现在哪些方面呢？

在心理上，我们会非常希望与之交往。在行为上也有了很大的变化。比如，有的同学很在意自己外在的穿着，在意自己的言行举止，尤其在自己喜欢的异性面前总是想展示最好的自己。

这就是“异性好感期”。

每个人都会出现这样的感受或者想法。当有了这样的想法的时候，千万不要觉得很尴尬，因为，这是我们这一年龄段的特点，没有什么见不得人的。面对这个问题的时候，关键是我们要能正确地看待这一现象，并能处理好因此带来的负面情绪和问题，不至于影响正常的学习和生活。这个问题对于成长中的我们来说至关重要。

许小静是一名初中一年级的女生，她的性格非常活泼开朗，被同学们称为“小燕子”，每天都哼着甜美的歌儿，幸福快乐，学习成绩也非常的优秀，是同学们眼里学习的榜样，也是老师心目中优秀的学生。

但是，快到期末考试的这段时间，她变得沉默寡言，上课的时候也不能集中精力听老师讲课，变得神情恍惚，总是不能跟上老师上课的节奏，还出现答非所问的现象。

下课了，她不再像往常那样唱自己喜欢的歌儿，却总是喜欢向窗外张望。她曾经大大咧咧，不注重外表，但是现在她却变得爱打扮起来，还经常不由自主地拿出镜子照照自己的样子，梳理梳理头发。

原来，她对班里的一名男生产生了好感。她不仅关注自己，还在默默地关注着这位男生——体育课上，她喜欢远远地看着他跑步的身影，喜欢到篮球场上看他投篮的优美姿势，一个抢球的动作，一个传球的动作，一个投球的动作，都深深印在小静的脑海里。就这样，她总是在关注着心目中的男孩。

小静的一举一动说明她正步入了青春期对异性的好感期，说明她开始长大了。这是一个人在青春期的自然流露，是很正常的。但是，如果这样过度迷恋下去，无法很好地处理，一定是不好的。将自己朦胧的情感过度倾注到这方面，一定会分散学习的注意力，当然也会失去学习的兴趣，从而使成绩急剧下降。这也不是个别现象，是我们这个年龄段的普遍现象。

因此，怎样安全、顺利、快乐地度过“异性好感期”，是我们要思考和讨论的问题。那么，“异性好感期”应该怎样度过呢?

我们应该用平和的心态看待这种现象的发生和存在，不要为在自己身上发生这样的事情感到羞耻，更不能误认为自己不是好学生！恰恰相反，这是我们在生理和心理的发展过程中，水到渠成般出现的正常心理和行为，如果没有这些现象反而说明我们心理发展遇到了阻碍或者问题。

但是，很多同学认识不到这点，因此会感到自卑，开始封闭自己，掩饰自己。其实，我们应该和同龄的伙伴相互交流，相互沟通，看看他们是不是也会出现同样的情况，而不至于让自己非常迷茫、害怕、困惑、不知所措。无论是什么样的情绪，尤其是坏情绪，一个人憋在心里，总是不好的，情郁于中不得发泄，早晚会憋出病来。

虽然在“异性好感期”每个人表现得不一样，但是其心理发展特点是一样的。有的同学开始的时候，表现出相反的行为特点，明明非常喜欢对方，但是却表现出冷漠、轻视、忽略的态度，还有的表现出一种恶意的攻击行为。看似表面的排斥，实则是内心深处对异性的异常关注。我们这个年龄的这一特点，是一件正常的事情，正常得如同我们每天都要面对读书、学习一样。我们要尊重这一阶段的心理发展特点，一定要用平常心来面对。

我们一定要相信能够用理智战胜自己。因为这份对异性的好感和暗恋是要牵扯很多精力的，人的精力毕竟是有限的，这样的暗恋如同吃青涩的果子，是不会有什么好结果的，这是我们必须认识到的一点，要勇敢地用理智斩断这些情丝，主动摆脱感情的束缚和纠缠。明确自己的人生目标和远大理想，将这些理想实施在点点滴滴的行动中，养成良好的学习习惯，用刻苦、认真的学习精神，不断鞭策自己、超越自己，向着既定的目标努力奋斗，每天都积极暗示自己，一定能战胜成长中的彷徨。

鲁迅说："只为了爱，——盲目的爱，——而将别的人生的要义全盘疏忽了。第一，便是生活。人必生活着，爱才有所附丽。"处于青春期的我们，生活的要义就是学习，在学习中成长，在成长中成就自我，因此，我们必须勇敢走出这份盲目的爱。

问题是，怎样才能走出来呢？

丰富我们的业余生活，广泛交朋友。除了学习，除了我们心中暗恋的异性，难道我们的生活就索然无味了吗？当然不是这样的。我们有自己的爱好、兴趣和特长，这个时候的我们完全可以充分发挥自己的特长以丰富自己的业余生活，将注意力转移到让自己高兴的事情上去。

我们可以去打打篮球，踢踢足球，打打跆拳道，也可以去弹弹钢琴，吹吹笛子，参加合唱队、舞蹈队、排球队等。这样的话，我们的生活中，除了完成学习任务，是不是就很丰富了？这样就能很好地在忙碌中淡忘这份所谓的感情，慢慢淡忘了他（她）。我们在集体这个温暖的环境中，将会得到更多的真诚和祝福。

我们应该广交朋友，不要将所有的目光都集中在某一个异性身上，因为这样的专注会让我们感到更加痛苦，并且因此会失去更多的同学、朋友。我们应该多交朋友，这样才能更多地了解不同性格、不同兴趣的朋友，才能拓宽我们交往的视野，更多体会到同学、朋友带给我们的纯洁友谊，互相学习、互相帮助，共同进步、共同成长。

成长训练

“异性好感期”，曾经给我们带来纠结和憧憬的几个字眼，现在想想看，心里留下的是一份坦然、真诚和祝福，没有我们想象中那么神秘，也没有我们想象中那么美好，好好珍惜现在学习的大好时光，学业有成了，我们自然就能得到爱。在这次的成长训练中，是请你在网上搜集一些如何安全度过“异性好感期”的文章或案例，仔细读一读，然后写一篇500字的心得，谈一谈你会有哪些好方法。

早恋是一朵带刺的玫瑰

大家对“早恋”这个词，应该是熟悉的。不可否认，在我们身边的人，就有早恋的，甚至早恋还很有可能发生在我们自己身上。

那么，什么是早恋呢？

早恋是指恋爱中的男女双方在未成年时期，生活还不能完全自立，心理还不完全成熟的时候谈恋爱，是男女双方过早相互爱慕的行为表现。

如今，早恋，是一个极为敏感的话题，也是一个很普遍的现象。

现代中学生早恋现象越来越普遍。我们的很多同学，有的写情书，有的传纸条，有的在学校出双入对，上学、放学相约一起走，有的利用假期时间出去游玩等等。然而，过于艳丽的蘑菇，往往是有毒的。早恋，就是一朵过于艳丽的蘑菇。

很多陷入早恋中的同学学习成绩出现直线下降，甚至有可能因为过早的恋爱，而断送了美好的前程，还有的导致女生怀孕，酿成终身的苦果，品尝了早恋青涩的滋味。

有这样一个农夫，他知道儿子早恋了，一声不吭，将院子里那棵苹果树上还没有成熟的苹果都摘了下来。儿子放学回到家，看见一筐筐未熟的青苹果，很纳闷：这些果子又不能吃，摘了多可惜呀！

“你把它们现在都摘下来，秋天吃什么呀？”儿子终于忍不住问出口来。

“儿子，这青涩的果子，与你早恋又有什么区别呢?”农夫看着儿子静静地说。

儿子恍然大悟。

儿子知道父亲在告诉自己不能过早恋爱。正在读初二的他，与班里气质最好的女生，自己的同桌，恋爱了。

刚开始恋爱时，她的学习成绩不错，当遇到不明白的问题时，两个人一起讨论，她的脸上总是挂着美丽的笑容。但是到了后来，彼此交流得多了，除了学习，他们还经常“约会”，放学后，他们会躲到河边的柳荫下，聊些不着边际的话题。

再到后来，他们都无心学习，盼着快点下课，盼着快点放学，盼着快点到周末，就这样在期盼中，他们的学习成绩直线下降，老师、同学都感觉到了，两个人也为这份感情不能自拔，痛苦不已，想要拥有而又想为学习选择放弃的矛盾，让两个本应将精力用在学习上的中学生纠结、郁闷。毒蘑菇的毒性发作了！

是父亲的这一举动，让他找到了方向。他果断地走出了那场早恋，全身心投入到学习中去了。那年秋天，他家树上没有收获到成熟的苹果，但他知道：在人生的秋天，他一定会收获很多很多的果实，包括爱情。

从上面的这个案例中，我们知道早恋会影响正常的学习生活，这样的例子在我们的班级、学校是存在的，甚至为数不少，我们可以联系周围的同学，想想看是不是这么回事。很多成绩优异、出类拔萃的同学因为早恋，过分好奇、兴奋、痴迷，过分沉醉于爱的幻想中，对学习造成了很多干扰，不能集中精力听讲，在学习上失去了兴趣和动力，经常是人在教室里，心早不知飞向哪里去了，再也无法全身心投入到学习中去，荒废了学业，毁掉了美好的前程。

早恋，不仅仅影响我们的学习，更重要的是早恋是青涩的，正如同农夫摘下的不成熟的果子，具有不稳定性，结果往往是以失败而告终。由于缺乏这方面的承受能力，早恋变成失恋，对于恋爱双方都会造成非常大的伤害，愁眉苦脸、夜不能寐倒是小事情，关键是会影响我们对异性交往的看法，会影响将来正确的爱情观，影响我们将来对于家庭婚姻的看法。

《京华时报》曾经报道，在2003年9月26日傍晚，沈阳市康平县第一中学校园内发生一幕惨剧，一名男生因恋人提出分手，用尖锐的玻璃碎片扎破自己的胸口，造成严重的心脏破裂，裂口长达1.5厘米，生命岌岌可危。这是多么偏执的行为啊！这一现象，不得不让我们深思。

我们如同果实一样，也要经历成长中的青涩，才能最终到达成熟的境界。其实，早恋并不是什么可怕的事情，关键是当早恋出现了，我们该持有什么样的态度，做出什么样的行动，既不影响学业，又能健康快乐地度过这个敏感的阶段。

与异性同学交往的时候，要保持自然的状态，适度交往，就像对待同性同学一样，不论从言语表情，还是从行为举止上都要很自然地表达自己的观点、情感，不遮遮掩掩，也不矫揉造作，省得让对方产生误会。因为这个年龄段的特点，就是敏感多疑，渴望能碰撞出情感的火花，所以，一定要将这点点火花消灭在萌芽状态中。

与异性同学交往要适度，不要过于亲密，让对方误解，让老师和同学有看法。不要成为大家议论的对象，往往议论会影响自己对彼此关系的看法，大家都这么想，是不是他（她）真的是喜欢我呢？过于疏远也不好，会让对方认为是在逃避什么，对彼此都会造成心理上的伤害。

与异性同学交往，不能像与同性同学那样毫无顾忌地交流任何问题，交流的时候还是要对所交流的内容有所选择的，比如谈话中涉及两性之间的一些敏感话题时要回避，交往中的身体接触要有分寸等，避免尴尬或者误会出现。

同学们在一起最主要的是学习，所以和异性交往的时候，多在学习上沟通交流，交流学习方法和心得体会，互相鼓励，让大家都对学习充满信心，发掘学习内在的动力。当同学学习上遇到困难时，要多帮助，在相互的学习中不断进步、不断提升，获得同学的赞赏、老师的鼓励、家长的支持，为我们自己的学业创造良好的学习环境，养成良好的学习习惯，掌握一定的学习技巧，从而提高学习效率。

如果我们能做到以上几点，相信一定能安全、快乐地度过这个青涩的阶段，最终一定能收获属于我们的成熟果实。

成长训练

正处于青春期的我们，虽然渴望爱情来到我们身边，但是在与异性同学交往的时候，一定要将学习、将友谊放在第一位。因为，异性之间也可以有纯洁的友谊。在这次的成长训练中，假设你最要好的同学正处在早恋中无法自拔，现在请你写一封信给他（她），谈谈你对早恋的看法，劝其正确对待和正确处理那段早恋。那么，你会怎么写呢？在下面的空格内，写写看！

爱不仅仅是一个字

年轻的我们因为成长的特点，心里会出现喜欢的一个人。还有的同学用“爱”这个字，来诠释自己对异性的好感，其实不然，一个“爱”字说出口，很多问题都会出现在我们的面前，因为“爱”不仅仅是一个字。爱是一个古老而又常新的人生课题，爱情是人生的重要组成部分，但又不是人生的全部，正确认识爱情的本质特征，认识爱情在人生中的位置，建立正确的恋爱观，对我们的成长是有益处的。

诗人赋予爱情最美好的语言，音乐家赋予爱情最动听的音符。

莎士比亚说：“爱情是感情的最高位阶。爱情里要是掺杂了和它本身无关的算计，那就不是真的爱情。”他诠释了爱情的纯洁与美好。

柏拉图说：“当爱情轻敲肩膀时，连平日对诗情画意都不屑一顾的男人，都会变成诗人。”他诠释了爱情的憧憬和浪漫。

爱情是什么？爱情是人际吸引最强烈的形式，是身心成熟到一定程度的个体对异性个体产生的有浪漫色彩的高级情感。爱，不仅仅是一个字，爱是一种关心，爱是一份责任，爱是一种宽容，爱是一种心灵的交融，爱是一种不计回报的付出，爱是一份守候，爱是一份承诺，爱是我们成长中美好的憧憬，是我们学习的动力。

徐莹莹今年读初中二年级，班里的一个男生给她写了一封信，表达了朦

胧的爱情，说出了自己心里的喜爱之情。和他在一起，徐莹莹也真的很开心！

可是她总觉得自己还在上学，重要的任务是学习，而不是谈情说爱，否则会耽误了学业，将来再也没有这样好的学习机会了，根本就没有理由过早谈及“爱情”。再说了，他学习也很优秀，自己也有着远大的理想和抱负，总觉得自己也不该去打扰他。

徐莹莹便装聋作哑没有理睬。但是后来两个人约定“高考之后再相约”！为了人生的理想，为了心中那个美丽的梦，他们两人都深深珍藏着对方，将这份青涩的爱情放在心里化作学习的动力，每天都要学习到深夜，用理想激励自己，用更勤奋的学习转移兴趣，每天都有看不完的书，做不完的作业。他们严格遵守“高考之后再相约”的承诺，每当彼此感到学习精疲力竭的时候，只要一想到那个美丽的约定，就觉得有无穷的力量。

故事中的两个主人公把爱情变成动力是一种不错的选择，在我们的身边，在我们的校园里，也一定有这样的同学“相约在大学”！面对爱情，我们该有怎样的观点和能力，这是我们必须要弄清楚的问题。

爱别人的前提是要学会爱自己。这样乍一听似乎感到很自私，其实不然，只有学会爱自己的人，才能懂得爱别人，因为一个人拥有什么才能给予什么，一个人拥有爱才能给予爱。一个爱自己的人才会爱他人。

爱自己首先要正确认识自己，处于青少年时期的我们对自己的认识经常会出现两种偏差，自我认识过高或过低。自我认识过高，容易产生自负感；自我认识过低，容易产生自卑感。正确的自我认识能形成良好的个性，有一份好的心态。爱自己要学会珍惜自己的感情，尊重自己的感情，要对自己的现在和将来负责，不能为了爱情，放弃了本应负责的学业。

学会爱别人，要理解、宽容、尊重对方，即使两个人很相爱，也要尊重对方的意见，尤其是我们正处于学习的最佳时期，有着繁重的学习任务和远大的目标要实现，面对恋人的理智，我们应该理解并支持，因为爱一个人，不是自私的指使，而是相互的体谅和支持，帮助对方积极发展自我，这样的爱才能走得更远。

谈到爱情，一定要有爱的能力，并且还要知道爱的含义，以及健康的爱是什么样子的。要清楚自己喜欢什么类型的异性朋友，适合找什么性格的人，还要清楚了解对方的兴趣、爱好。这样是对自己负责，也是对别人负责，这样才不至于在爱情来临的时候很茫然。当爱情来到身边的时候，我们不仅要勇于追求爱，掌握表达爱的能力，还要学会如何接受他人给予的爱，不至于感到爱情来得那么突然，让我们不知所措，不敢接受属于自己的爱情，留下无法弥补的遗憾和悔恨。一定要有接受爱的能力，鉴别爱的能力。

当然所有的爱并不都是适合自己的，当自己不希望的爱不合时宜地来到时，也不需要苦恼，要学会果断、理智地拒绝这份爱，拒绝别人的爱也是一种爱的能力。勇敢地说出“不”字，不至于因为错爱一生而痛苦一生。当然在拒绝的时候一定要注意选择合适的方式，因为每个人都有爱与被爱的权利，对别人感情的尊重，也是对自己的一份尊重。爱情不在，友情长久，要有这样豁达的胸怀。

爱是一份责任，当接受了一份爱，开始了一份爱，在爱的旅途中就要有解决爱的冲突的能力，就要有保持爱情长久的能力。爱不仅仅是一个字。爱是一门高深的学问。

有爱情就会有失恋，不一定每一次恋爱都是成功的。恋爱对于我们青少年来说，可谓是一把双刃剑，一方面能帮助我们的心理发展走向成熟，更快乐地体验到爱情的美好与神圣，一方面也会带来各种各样的问题和不良影响。玫瑰虽然美丽，但是我们不能忽略了它美丽下隐藏着锋利的刺。因此，面对失败的恋爱，面对失去的爱情，面对拒绝的或被拒绝的爱情我们要用一颗平淡、坦然的心去面对，告诉自己，爱情不在了，彼此的友谊永在心间。尤其在学生时代，对于爱情，我们一定要慎之又慎。

成长训练

爱不仅仅是一个字，爱是一份成长过程中刻骨铭心的经历，这份经历让我们如同沐浴在明媚的阳光下，感受着爱的温暖和美好；这份经历让我们如同徘徊在雨后的小路上，承载着爱的泥泞和苦涩。爱是一份成长，在一次次成长中我们学会了爱自己，爱别人，爱生活！那么，在这次成长训练中，请你写一篇500字以上的人生感悟，谈一谈你对爱情的看法，谈一谈你会怎样面对中学时期遇到的“爱情”。

学会爱，才能更高地飞翔

《中国青年报》曾经有一篇题为《他们为何忘掉恩人》的文章，说有一位王儒臣老人，节衣缩食13年，出资数万赞助40多名贫困学生完成学业，其中有10名考上了大学。但他们不给老人写信，也没来看过老人，如今老人双目失明卧病在床。老人一生勤俭，自己舍不得吃穿，平时就买一毛钱一堆的菜吃。他把省下来的钱都给了那些学生，每人每年100元，寄了10多年。老人不图别的，就是想看看他们，想得到他们的音信，哪怕是一个字也好。

这是一个令人心痛，也发人深省的现象。

于是，有人说，现在的孩子，是不懂得爱、只懂得被爱的一代。爱，是一种能力，是一种生活的本领。在这个世界上，我们不仅仅要被爱，我们更多的还要学会去爱。有爱，才能走得更远；会爱，才能飞得更高。

其实，既然爱是一种本领、一种能力，那么，爱也是可以培养的，是可以学会的。我们要学会爱自己，学会爱父母，学会爱他人。那么，我们应该怎样去学会爱呢？

首先，我们要学会爱自己。

爱自己，就是要接纳自己的优点和不足。包括我们不能改变的家庭环境、成长环境，无法改变的外貌和样子，我们内心的一些想法和忧郁的情绪，都要欣然接受，并能理智地找出原因，更好地帮助自己，而不是一味批判自己，批判自己的懦弱，批判自己的自卑。相信只要自己付出努力，就一定能取得进步，我们生活的意义就在于付出后的点滴成功。

正处于青春期的李小萌，非常关注自己的外表，但她总是感觉自己的眼睛又小又没有精神，身材不像有的女生那么修长，感觉自己缺少气质。于是她在课下经常到书店翻阅一些关于美容方面的书籍，比如隆鼻、割双眼皮、减肥、速长睫毛等方面知识的书。

她希望自己能够借助外在的手段来改变现在的样子，渴望让自己这只“丑小鸭”变成“白天鹅”，拥有外表的美丽。后来，妈妈发现了女儿的这些变化，她既为女儿已经长大感到欣慰，也为女儿不能正确理解美，不能愉快接纳自己感到担忧。妈妈和女儿促膝长谈了很久。李小萌终于走出了美丽的误区，也能正确接纳自己了，并学会了爱自己。

爱美之心，人皆有之。但美丽不仅仅是外表的美，更为重要的是一个人内在的美。外表的美只是暂时的、肤浅的，因为青春太容易随着时光的流逝而逝去，而一个人内在的美是永恒的，这种气质和魅力不是依靠整形、美容就能拥有的，而是来自于知识的积淀，心智的成熟。

李小萌如果一开始就能辩证地看待自己，一定不会轻易否定自己。虽然自己的眼睛小、身材不够修长，但是她是一个勤奋好学、乐于助人的人，成绩非常优异，是同学们学习的榜样，是老师眼中的骄傲。学会爱自己，就要全面地评价自己，不要用自己的缺点和别人的优点相比，这样受伤害的还是自己。

除了学会爱自己以外，我们还要学会爱我们的父母。

正处于青春期的我们，内心会出现叛逆的心理。我们常常把父母通情达理、善解人意的教导，看做是蛮不讲理，看做是对我们的不尊重。因为亲子之间缺乏适当的沟通，父母想通过我们的日记、电话等来了解孩子的情况。在我们看来，这是在干涉我们的私事，感觉父母一点都不尊重自己。就这样，彼此都站在各自的角度去看待问题、思考问题，彼此之间的矛盾就会越来越深，冲突也会随之越来越多。我们不再依赖父母的思想而存在，说明我们已经长大了，有了自己独立的思想，并渴望有属于自己的空间。我们渴望脱离父母的情感束缚，建立属于自己的新的社会情感关系。这是我们人生的过渡期，如果处理不好和父母的关系，将会产生偏差，对我们的生活和成长都会有负面的影响。因此，我们应该学会站在父母的立场上，去理解他们的良苦用心，经常和他们进行内心的沟通，和父母做朋友。

我们在和父母沟通的时候，要注意沟通的技巧。沟通的时候要有真诚的态度，在学习、感情方面的任何事情都不要有所隐瞒，而是要及时沟通，将自己内心的困惑告诉父母，大家一起面对。父母人生阅历丰富，经过很多事情，他们对待事情有自己的远见卓识，我们应该相信父母。当我们听到父母不同意见的时候，一定要耐心倾听，即使自己不能接受父母的言语，也要学会站在对方的角度给予理解，站在对方的立场去看待问题、思考问题，只有这样我们才能毫无保留地表达自己的看法和感情。在相互对话的时候，多看对方的优点，少一些挑剔和批判，一定要营造一份融洽的交流氛围。

我们要学会和父母做朋友。青春期的我们渴望和父母做朋友，父母也非常渴望和孩子做朋友，我们应该在心里相信父母是爱我们的。在我们成长的不同阶段，父母付出的爱是一样的，只是表达爱的方式不同而已。小时候，父母的爱是甜甜的乳汁和蜜糖；慢慢地，我们长大了，父母的爱变成了严格的要求、严厉的批评、慈爱的赞赏；青春期到了，父母的爱变成了理解、沟通、建议。但是，不论怎样的方式，都是父母对我们深深的爱，回头想一想，不正是如此吗？因此，我们要相信父母的爱，尊重父母的爱，不论这种爱的方式是不是我们喜欢的、接纳的，我们都要去理解父母这份沉甸甸的爱，可不要伤害了这份爱啊！

我们每成长一天，恰恰说明我们陪伴父母的时间就要少一天。其实，爱自己的父母，是要用倒计时来计算的。当我们懂得了这一点，我们就会更加珍惜自己的父母，更加用心地去关怀，去理解，去爱。当我们真心懂得去爱自己的父母的时候，就说明我们真的长大了。

此外，我们还要学会爱别人。

要爱身边的人，爱那些需要帮助的人。有一首歌唱道，只要人人都献出一点爱，世界将变成美好的人间。爱是相互的，有爱，才有被爱。有爱，我们才可以更加精彩。只有学会爱，我们才能更高地飞翔在成长的天空。

成长训练

在这次的成长训练中，请你在下面的空格内写出你打算为父母去做、但是一直因为某种原因而没有去做的几件事情，比如拥抱父母，对爸爸妈妈说我爱你，给爸爸妈妈洗衣服，等等。之所以没有去做，或是因为羞怯，或是因为难为情，或是因为想了想觉得没有必要，等等。纵使不去做的理由有千千万，但是有必要去做的理由只有一个，那就是爱。爱，就要行动，哪怕一个微不足道的行动。列出来吧，就从你列出来的这些小事做起，学会去爱。

第六章

做情绪的主人，做快乐的自己

郁闷为啥总是来造访

有一个从小品中而来的看似时髦的词语——抑郁了。

抑郁，说的是一个人的心情、心理。抑郁，实则是一个人的心情被压抑了，变得郁闷而无法排解了。这是一种被动的、不良的、垃圾的情绪。

进入中学阶段的我们，随着生活圈子不断扩大，接触的人不断增加，遇到的事情也越来越多。如果一切事情都很顺利，能理得清头绪，我们还能保持快乐而轻松的心情；如果很多事情积压在一起，学习上的障碍、生活中的压力、人与人之间的关系紧张等诸多事情，再加上我们的心理发展还不成熟，不能更加巧妙地控制自己的情绪，于是就会出现一些消极的情绪，比如“郁闷”。

提到“郁闷”这两个字，可千万不要恐慌啊，每个人都会有这样的情绪体验，就看我们用怎样的心态来面对，用什么样的方法去克服了。要想扫除郁闷的垃圾情绪，首先我们要明白产生郁闷情绪的原因是什么。

经常郁闷是有原因的。很多时候，郁闷，来自沉重的学习压力。压力指那些使我们感到紧张的事件或者环境。我们能够感受到压力的存在，因为压力是我们对事情的一种主观看法，压力是一种心态，根据压力的意思来理解学习压力，也就很简单了。学习压力是一把双刃剑，适当的压力能变成我们学习的动力，使学习、工作更有效率。而过度的压力会让我们产生一些不良的情绪反应，会让我们感觉压抑郁闷，不快乐。心里渴望取得好的成绩，但是成绩出来之后却大失所望，面对这样的结果，就很容易产生焦虑、郁闷的负面情绪。

有时候，郁闷来自我们不和谐的家庭关系和同学关系。我们在学校里主要的交往对象就是一起学习的同学，同学之间能够和谐相处是我们学习、成长的基础和养分。但是在交往中，因为各种各样的原因达不到预期效果的时候，同学之间会发生小摩擦、小矛盾，看得开的同学或许会一笑而过，不放在心上，但是心理很敏感的同学，或许就会因此而产生郁闷、焦虑等不良情绪。

郭晓丽是独生子女，今年在读初中三年级，学习成绩非常优秀，但是由于家庭环境不是很和谐，父母经常吵架，让她没有什么安全感，所以开始对周围的同学不怎么信任了。尤其是在父母离婚后，与同学的来往更加少了，没有一个好朋友可以说说心里话，也更加不信任周围的同学们，性格变得更加内向，有什么想法她都闷在心里，不向任何人说，同学们一个眼神也会让她感到有着特殊的意义，特别是在初三快毕业的最后一个月，她感觉根本就不想待在教室里，感觉教室的空气是那么沉重，压得自己喘不过气来，感觉自己与同学们相处得很失败，非常害怕和同学们交往，哪怕是见了面打个招呼都害怕，感觉大家都是虚伪的，感觉自己已经到了孤立无援的地步，心里很是苦恼、郁闷。

另外，郁闷还与我们看待事情的心态有着密切的关系。当我们对一件事情持有的心态不同，那么显现出的情绪就不一样，比如正值炎热的夏天，天空下起了滂沱大雨，我们不能因为天气的原因而停止上课，但是，去上课就要冒着大雨，准被淋得像个落汤鸡一样，这时候，如果我们这样看事情：下了这场大雨能让我们凉爽一下，心里就会很高兴；如果我们这样看这场雨：因为下雨，把我美丽的连衣裙弄脏了，哎，心里真郁闷啊！这样我们对同一件事情或者同一个事物，持有的态度和心态不同，我们的情绪就会截然不同。

有这样一个老太太，她有两个儿子，大儿子是染布的，二儿子是卖伞的，她整天为两个儿子发愁、郁闷。天一下雨，她就会为大儿子发愁，因为不能晒布了；天一放晴，她就会为二儿子发愁，因为不下雨二儿子的伞就卖不出去。老太太总是愁眉紧锁，没有一天开心的日子，弄得疾病缠身，骨瘦如柴。一位哲学家告诉她，为什么不反过来想呢？天一下雨，你就为二儿子兴奋，因为他可以卖伞了；天一放晴，你就为大儿子兴奋，因为他可以晒布了。在哲学家的开导下，老太太以后天天都是乐呵呵的，身体自然健康起来了。

这两个故事给了我们不少启示。美国成功学学者拿破仑·希尔说过这样一段话："人与人之间只有很小的差异，但是这种很小的差异却造成了巨大的差异！很小的差异就是所具备的心态是积极的还是消极的，巨大的差异就是成功和失败。"是的，一个人对工作、学习和生活所持有的心态往往决定他一生的命运。积极的心态有助于人们克服困难，使人看到希望，保持进取的旺盛斗志。消极心态使人沮丧、郁闷，对生活和人生满怀抱怨，自我封闭，限制和抹杀自己的潜能。积极的心态创造人生，消极的心态消耗人生。积极的心态是成功的出发点，是生命的阳光和雨露，让人的心灵成为一只翱翔的雄鹰。消极的心态是失败的源泉，是生命的慢性杀手，使人受制于自我设置的某种阴影。选择积极的心态，就是选择了成功的希望；选择消极的心态，就注定要走入失败的沼泽。假如你想成功，想把美梦变成现实，就必须摒弃这种抹杀你的潜能、摧毁你希望的消极心态。所以，我们必须拒绝消极的心态，远离郁闷情绪。

那么，我们应该怎样驱逐内心的郁闷呢？

我们应看到，郁闷来临，也是我们的心理承受能力得到锻炼的最佳时期。面对郁闷的情绪不能任由其发展、蔓延，影响我们的心智，影响我们的学习和生活，我们要将郁闷赶出我们的内心世界，还心灵一片阳光和清澈。

当我们感到郁闷的时候，要正确看待发生的事情，学会转移郁闷的情绪。遇到让自己不高兴的事情，我们要用平静的心态，理智地分析事情发生的原因，并想出有效可行的方法冷静处理。比如当同学给我们指出缺点的时候，我们不能因为失去了面子，觉得伤害了自尊心而对这位同学有看法，应理智地想一想，"忠言逆耳利于行"啊，我们不但不再怒火冲天，还会从内心里感谢这位同学的真诚和直爽。当郁闷的情绪弥漫心间的时候，我们无法控制，不妨有意识地转移注意力，不再去想这些事情，可以将注意力转移到其他事物或活动上去。比如我们可以听听喜欢的音乐，练一练毛笔字，读读小说和美文等，这样，郁闷的情绪会得到缓解，渐渐地就消失得无影无踪了。

面对郁闷，我们可以进行自我疏导、合理宣泄。在郁闷面前，我们可以进行自我安慰，合理地调适一下自己受伤的心理，营造一个祥和、豁达、坦然的氛围，给自己的心灵留些余地。凡事要难得糊涂，不要过于较真，非要找到事情的缘由，找到郁闷的缘由，这样一条道走到黑的执拗只能让我们更加疲劳。学会忘记，对于不快乐的记忆和经历要尽可能地忘记，忘记这些不必要的心理负担，这样我们的心灵才能轻装上阵。合理地发泄，是我们甩掉郁闷的好方法，我们可以向好朋友倾诉自己不高兴的事情，可以在适当的场所，放声歌唱，但是不能胡闹，影响公共秩序，发泄要注意合理的时间、场合和地点。

郁闷总是会来造访，但是不要害怕，因为我们有的是办法，有的是勇气，有的是力量。记住，每次郁闷来袭，都是一次心灵的成长！

成长训练

良好的情绪可以使我们乐观向上，办事果断，富有创造性和灵感。不良的情绪则使我们产生疲劳感甚至导致疾病，我们要保持愉快的心情，每天都充满朝气，充满活力地面对学习、面对生活，何乐而不为呢？在这次的成长训练中，请你总结一下让你郁闷的十件事情，逐个分析原因，寻找对策。

好孤独，谁来理解我

生活中，常常会有寂寞来袭。天真烂漫的我们，也不例外。

我们中学生正处于渴望友谊、渴望赞赏的成长时期，对生活充满了美好的憧憬和幻想，希望自己朝气蓬勃，在平时的学习、生活中也有着较高的期望和要求。但是，由于我们认识水平有限，分析问题的能力有限，一旦遇到问题就会出现挫折感，并出现一些不良的情绪。“孤独”就是常见的消极情绪之一。孤独的我们渴望理解，渴望倾诉。孤独是一种负面的心理状态，主要表现是心理闭锁，不愿对外人敞开心扉，行为孤僻，不愿与人交往。出现孤独的情绪，不要过于担心，每个人在不同的时期、不同的事情面前，都会出现这样的孤独感。但是，如果这种孤独感很强烈，并且时间持久，以至于影响了我们正常的生活、学习和人际交往，这可能就是一种不健康的状态了。但只要我们有信心去面对，就一定能够克服成长中的这一障碍，感受到明媚的阳光。

那么，孤独从何而来？

孤独的产生是有原因的，最主要的原因是在人际交往中遇到这样那样的挫折。比如有的同学因为学习成绩不是很优秀，常常遭到同学的奚落和打击，就会感到同学之间的冷漠无情，从而封闭自我，对任何人都失去信任，不愿意和周围的同学交往、接触，存在有很强的戒备心理甚至是敌意，不能很自然地融入班集体。平时，我们经常能看到一些孤独的身影，在校园里独来独往，那样的同学表面很冷漠，内心却非常孤独、寂寞，往往因为没有朋友，所以感受不到班集体的温暖，似乎生活在一片阴暗之中，看不到生活美好的一面。

刘琦现在正读初中三年级，因为小儿麻痹，走路姿势和其他同学不一样，不论走在哪里同学们都会投来异样的眼光。尽管家庭条件非常好，但是他总喜欢独来独往，而且经常不上课。在家里也是一样，从不愿意和爸爸妈妈交流，有时甚至把自己锁在房间里不出来，也不允许其他任何人到自己的房间，包括自己的爸爸妈妈。在学校里，刘琦总是害怕看到老师和同学，哪怕是看他们一眼都是害怕、紧张的。每当下课铃声一响，他总是第一个跑出教室，独自一个人躲在校园的某个不被人发现的角落等着上课铃响起。就这样，害怕和任何人交往，不相信别人会关心自己，也在心里怨恨爸爸妈妈怎么会让自己长出这样的双腿，刘琦的心里非常孤独，非常寂寞。

刘琦的孤独感，是因为正处于青春期的他发现自己的与众不同，因为小儿麻痹造成这个无法改变的现状而自卑。他也希望别人能够走进自己的内心世界，去接受自己的内心想法，但是又非常矛盾，害怕别人不能很好地接纳自己，非常在乎自己在同学、老师心中的形象。

他很注重别人眼中的自己是什么样的，很在乎别人的评价。这种心理的闭塞与渴望，束缚了孤独的刘琦。他对自己的自我评价过低，所以总是认为别人看不起自己，在与人交往的问题上充满了自卑，充满了胆怯，总是压抑自己的言行来躲避别人的那些可能并不存在的耻笑和指责。这种心理自然就将自己与同学们隔绝开来，从而产生了孤独的感觉。

与之相反的是，有的同学是因为自负，在人际交往中过高地估计自己，经常自夸自大，有着很强的表现欲望，从不甘心接受别人的意见，自以为是，这样的同学也常常会感到孤独，因为不愿意承认自己的不足，过分地狂妄自大，不合群，使得同学们远远地离开了他。

不论是自卑产生的孤独情绪，还是因为自负产生的孤独情绪，都是因为自我意识过强、自我评价不正确的原因造成的。

陌生的环境也会让我们产生一种孤独感。还有一种情况就是父母感情不和，长期冷战。由于父母都爱孩子，每人都想拉孩子到自己一边，使孩子无所适从，精神紧张，产生孤独感。

找到了孤独的症结所在，我们怎样才能走出孤独呢？

首先，我们要勇敢地说出孤独，获得别人的理解，主动与人交往。

用正确平和的态度看待孤独，孤独并不可怕，关键是自己要正确地认识，找出孤独的原因，勇敢地说出来，只要态度真诚，对人充满信任，相信一定能得到别人的理解，得到别人的帮助，得到真诚的友谊。要想让别人与自己交往，首先就要改变的是自己的行为，要主动和别人交往。只有我们自己解除了戒备心理，别人才乐意和我们交往，因为交往如同一面镜子，你对别人什么样，别人对你就是什么样。因此，能不能获得良好的同学关系，关键在于自己。当同学们遇到了困难，我们一定要一改以往的冷漠，主动伸出援助之手，主动送去温暖的话语，主动给予关爱的目光。只有这样，我们才能换来别人的关心，换来别人的体贴，友情就是这样在相互的给予和帮助中成长起来的，当我们获得了友谊，内心还会有孤独感吗？一定不会。

其次，在我们和同学们交往的时候，只有关系处理好了，才不会出现孤独感。因此在交往的时候，我们一定要心胸宽广，豁达开朗，不要斤斤计较，因为“心底无私天地宽”。当交往中出现了这样那样的摩擦和矛盾的时候，一定要学会克制住自己的情绪，因为当我们自己冷静了，对方也就冷静下来了，坐在一起心平气和地找出矛盾的症结，如果自己错了就要主动道歉，如果是对方错了，就要宽容，“得饶人处且饶人”。在理解、宽容的土壤中，友谊之花一定能开得更加美丽，更加长久。

心里孤独的时候，谁来理解我？是我们的同学、师长、亲人和朋友！

成长训练

内心孤独的我们如同在泥泞的沼泽中痛苦跋涉，在生活中迷失了方向，失去了信心和动力。敞开我们的心扉吧，世间是美好的，人的内心深处也是美好的。找同学，找老师，找亲人，说一说，他们一定能用宽广而温暖的胸怀接纳我们，喜欢我们，让我们走出孤独的黑夜，迎接灿烂的明天！在这次的成长训练中，请你分析一下自己的孤独感是从哪里来的，也就是自己偶尔感到孤独的原因，然后寻找一种走出孤独的最好方法，写在下面，在实际生活中按照你的设想，试试看。

脾气变得越来越暴躁了

有时候，我们自己也觉得很奇怪——怎么忽然间变得爱发脾气了呢？动不动就发火，真是有点莫名其妙的感觉。

现在正读初中三年级的李晓东，学习成绩不错，喜欢唱歌，但是性格倔强，内向，办事鲁莽，缺乏自控能力，脾气很暴躁。父亲是一名建筑工人，嗜酒如命，脾气也非常暴躁，三年前，因为经常打骂妻子和孩子，离婚了。从此父亲脾气变得更坏了，对晓东更加冷淡，经常拿皮带抽他。为此，晓东搬到学校里住宿，再也不想回家看到父亲。在学校里，没有钱花，刚开始，他跟同学借，可时间久了，同学们不仅不肯借钱给他，还嘲笑他，他感到无地自容。于是他想到了偷，最终被人家打得鼻青脸肿。从此，他变了，在学校里纪律散漫，经常迟到、旷课，变得满腔怨恨，脾气变得更加暴躁，爱打架，常常因为一点小事与同学大打出手。一次，他去校园小商店买东西，就因为一个同学多看了他一眼，就觉得别人在蔑视他，于是把人家打了一顿。平常谁要对他稍有冒犯，他更是拳脚相加，大打出手。就这样，在学校里，同学们都因为害怕躲着他，不敢看他一眼，不敢和他说话，晓东的学习成绩也下降得很快。

案例中的李晓东脾气暴躁，其原因很简单。他是受家庭环境的影响，父亲的专制、冷淡、暴躁直接影响了他的心灵。他在潜意识里，认为解决问题的方法唯有暴力攻击性行为，这样对他本来就暴躁的脾气，更是起到了强化的作用。

我们青少年正处于孩子与成人之间的过渡期，是人生的重要转折点。这时的我们没有了儿童时期的依赖感和顺从感，而是希望自己能够独立起来，思想开始慢慢变得独立，渴望行动上也能不受别人的干涉和控制，能够独立行事，心理和思想慢慢从幼稚走向成熟。随着内心活动的复杂和增多，开始有了自己的秘密，不愿向老师和同学表达内心的想法，但又非常渴望得到别人的尊重、理解和信任，渴望得到周围人的认可和接纳。正是这样矛盾而纠结的心理，常常使我们在面对一些事情时，脾气会变得越来越暴躁，不仅伤害了自己，也伤害了别人。但暴躁是可以克服和避免的，只要我们能找到产生暴躁的根源，找到克服暴躁的方法，就一定能让自己的脾气变得温和起来。

当我们在面对强大的压力时，我们的脾气也会变得暴躁，从而导致攻击性行为的出现。面对父亲的蛮不讲理和暴力的打骂，晓东的心理承受了极大的压力。母亲的离开本来就给需要母爱的他造成了极大的心理伤害，带来了很大的压力，再加上父亲的无情，在家里，他感到没有温暖，没有人可以交流感情，倾诉内心的苦闷，所以，很快他的性格有了变化，变得郁闷，变得沉默寡言，脾气也变得更加暴躁了。这种消极的变化，蔓延到人际交往上，就让交往变得困难重重。晓东内心非常孤独，将这份对父亲的不满，对周围人或者事情的不满，变相表现为暴躁的脾气，表现为“大打出手”的攻击行为。

当我们在生活或者学习中遇到挫折，而又不知道该怎么战胜挫折的时候，我们也常常会感到暴躁。因为不能正确认识来到我们面前的困难和挫折，不能及时从逆境中走出来，一味地消沉、无奈、颓废，不能振作精神，又不懂得寻求帮助去战胜挫折，所以，最终是失败的结局。内心的迷茫、纠结，会让我们变得更加暴躁。

因此，我们要想改变这种不是与生俱来的暴躁脾气，就要努力改变自己了。

当暴躁的脾气来临的时候，不要慌张，要用理智改变一切。当想要发脾气的时候，想出手打人的时候，不妨反过来想一想，这样做的后果是什么？这样做不但不能解决问题，还使得事情更加糟糕，我们是要为自己的拳头付出代价的，甚至是非常沉重的代价。记得，一定要用理智控制自己的情绪，可以很快离开事情发生的现场，到别的地方去转一转，当心静下来的时候就会发现，原来事情微不足道，庆幸自己没有动手。不要因为暴躁的脾气而失去更多的友谊。

当暴躁的脾气来临的时候，我们不妨改用自己喜欢的其他方式来发泄，从而尽快走出内心的烦躁。比如我们可以通过写作来发泄，给自己留出时间，坐在一个安静的房间里，静静理清事情的头绪，写出事情的原因、经过，在梳理的过程中也是一个更好地认识自我、认识他人的过程，这样将内心的苦闷、委屈通通写出来，慢慢地，就会非常平静地看待刚刚还让自己怒火冲天的事情，将事情解决在萌芽状态中。我们还可以找要好的同学聊一聊，让他们站在一个旁观者的角度，帮助我们来分析问题。

脾气变得暴躁，是我们这个年龄段的普遍现象，是我们内心的成长，对周围事物的渴望和审视。经历了这个过程，就会形成一个全新的自我。要正确看待我们的暴躁。

成长训练

在暴躁的脾气中，我们学会了宽容，学会了理解，得到了关爱，得到了友谊。我们张开了心灵的翅膀，飞翔在茫茫的苍穹，再来看自己经历的一切痛苦、挫折，都已经在我们渐渐丰满的羽翼中，变得无影无踪，感谢成长带给我们的启迪、收获和快乐！在这次的成长训练中，梳理一下你曾经的那些“臭脾气”，那些让你大为恼火的事情，请一一列出来，分析原因，寻找对策，看看怎样才能够保持一颗平常心，让自己的坏脾气不再控制自己。

冲动真的是魔鬼

正在读初中二年级的刘洋洋（化名），因为没有达到自己的目的，在极度冲动的情境下，竟将自己的同学置于死地！

事情是这样的：刘洋洋认识了社会上的小混混，在他们的引导下，去网吧玩游戏，他觉得挺好玩，就经常去玩，之后一直沉迷于网吧和游戏机。刚开始，家长还给钱，后来因为要钱的次数越来越多，数量也越来越大，父母干脆就不给了。父母不给钱，怎么办呢？

一天，他在学校操场偶然遇到了同学李开阳（化名），就想着向他要些钱，但是，李开阳并没有同意。看到这种情况，刘洋洋非常愤怒、暴躁，并威胁对方，如果不给钱，就给他点颜色看看。但是李开阳并没有因此而害怕，面对他的纠缠，非常坚定地不给钱。刘洋洋开始对李开阳拳打脚踢。

见势不妙的李开阳想要逃跑，寻求帮助，但是被又高又胖的刘洋洋拖到一个偏僻地方。刘洋洋残忍地用烟头烧烫李开阳的皮肤，用玻璃刮他的手掌。但李开阳坚决不给他钱。冲动的刘洋洋就像魔鬼一样，完全失去了理智，最后掏出刀子猛烈地刺向了自己的同学李开阳……

多么残忍的事情啊！

当警察找到他的时候，他痛哭流涕，可是已经晚了，因为一时的冲动和恶念，他亲手种下的恶果，最终是要自己吞咽的。

很多青少年朋友，和我们相仿的年龄，和我们一样有着美好的梦想，和我们一样曾经憧憬着自己的远大前程，但是，因为冲动，为了一些微不足道的小事，而深深地伤害了别人，也葬送了自己美好的人生。所有的理想、美梦都化为泡影，青春的花朵就这样凋零了。冲动真是魔鬼。因此，无论遇到什么事情，我们都要保持稳定的情绪，这样才能更加理智地处理问题，更加安全、顺利、健康地成长。

我们要正确认识自我，愉快接纳自我。对于自我，要有一份正确的认识，能够看到自己的优点，怀有一颗谦逊的心，充满自信地去生活，去学习。我们还要看到自己的缺点和不足，能用一份平和的心态对待，不去刻意否定这些缺点，而是要学会接纳，并通过努力去改正这些缺点。不能因为自己的优点而骄傲自满，在别人面前耀武扬威，也不能因为自己的缺点而感到自卑、烦躁。因为人无完人，没有十全十美的人，每个人都有自己的优点和缺点。接纳自己和完善自己，努力客观、全面地认识自己，这样才能更好地调节自己的情绪，孤独、自卑、冲动、暴躁等负面情绪就很少会来到我们心间了。

我们还要学会提高自己控制情绪的能力。当冲动等负面的情绪来临的时候，一定要调整好自己的心态；遇到困难或者挫折的时候，不要被悲观、绝望的消极情绪所影响，要用一份平和的心态去看待问题，用积极的语言缓解不良的情绪。比如当我们心情非常紧张的时候，就应该轻松、惬意地告诉自己：“千万不要紧张，做一次深呼吸，让自己的心静下来。再做一次深呼吸，相信自己一定能够把事情做好的，加油!”理智地用富有激励性的语言巧妙控制自己的情绪，渐渐地就静下来了。遇到困难，多多鼓励自己，要看到事情积极的一面，要看到胜利就在前面，增强做事情的信心，有了信心，就有了努力突破不良情绪困扰的动力，这样就能够摆脱不良情绪的影响，获得继续前行、继续奋斗的自信和力量，从而获得成功的喜悦。

另外，我们还要学会巧妙转移、缓解思想压力。当不良情绪萦绕我们心间的时候，可以转移我们的注意力，将注意力从消极的情绪上转移到积极情绪的方向上，想想曾经让我们感到高兴、感到愉悦的事情，从而把所有的苦闷、消沉、冲动等不良情绪抛到脑后。当我们发现情绪不对劲的时候，不妨让自己放松放松。有时候不好的情绪是疲劳的一种征兆，是提醒我们要适度放松休息的信号。我们还可以在情绪不稳定的时候，去尝试做一些自己喜欢的事情，比如看看电影，读读小说，写写日记等，能让不良情绪转移的事情都可以，这要因人而异。贝多芬曾经用从军来克服失恋的痛苦。我们也可以想出自己的好办法。

还有，我们要学会宽容，经营良好的心境。巴甫洛夫曾经说过："愉快可以使你对生命的每一次跳动，对生活的每一印象易于感受。"这就说明良好的情绪不仅能够让我们有一份好的心情，还能提高学习、活动效率，让我们充满活力。良好的情绪还是我们身体健康的保障，能增强我们对疾病的抵抗力。为此，当我们遇到问题或者冲突的时候，一定要冷静下来。当有人故意或者是无意地侵犯我们的时候，我们一定不要斤斤计较，为一点小事情而大动干戈，这样无形中就出现了负面的情绪；相反，我们要用一颗宽容的心来对待对方，既能很平和地解决问题，又保持了我们良好的心情，何乐而不为呢？

做一个不再冲动的青少年，最重要的是要控制好自己的情绪！

成长训练

冲动并不可怕，冲动也并非魔鬼，因为我们能够用自己的智慧将所有的冲动扼杀在萌芽状态中。做一个理智的青少年，才能在成长路上披荆斩棘，走过一次次的坎坷，战胜一次次的挫折。这就是问题带给我们的思索，这就是问题给予我们的成长！那么，在这次成长训练中请你谈一谈，你是怎样战胜自己的冲动的。

你以为我想叛逆啊

现在的我们，对很多事物都有着强烈的好奇心。家长、老师越是苦口婆心不让我们涉足的事情，我们反而越有一种急切想弄明白的好奇心，比如网络游戏、“青少年不宜”的影视片或者书刊等。

当老师和家长善意地劝解我们远离这些不良影响时，我们却偏偏想去尝试，这样就形成一种逆反心理。

当然，有时候老师和家长对我们提出的要求过于严格，不注意教育方式等，可能会伤害我们的自尊心，所以我们拒绝接受老师和家长的教育，甚至故意对抗而产生逆反心理。

对于逆反心理的产生，我们应该正确去分析，并用智慧去加以调节；对于我们一般都要经历的“叛逆期”，我们要积极去面对，从而使自己顺利地度过这个敏感期。

高琪同学正在读初中二年级，因为上课不遵守纪律，总喜欢做小动作，在课堂上不能集中精力听老师讲课，也不能和老师、同学们进行学习上的互动，导致学习成绩很差。不但如此，他还常常干扰其他同学上课。

因为长时间对学习不感兴趣，总是想着法子拿别人的一些东西，影响了班级的正常秩序，同学们都非常不喜欢他。

班主任老师知道了这些情况以后，找他谈话，鼓励他好好学习，希望他能够改正这些缺点。但是，在高琪看来，那是老师在嘲讽自己，因此并没有领老师的情。他依然经常扰乱课堂纪律，不完成作业，时有逃课现象，更甚者，对学校开展的活动往往对着干，甚至不时搞点恶作剧或破坏公物。

他的父母在街上开了个水果店，起早贪黑忙着做生意，无暇顾及他的学习。当爸爸妈妈发现自己孩子的这些问题以后，态度非常粗暴，不分青红皂白对孩子大打出手。这样的结果是让他跟父母也经常对着干。

就这样，高琪在学校无法获得成功的体验，丧失了信心，而在家里，也得不到父母的关爱。

高琪在家不听父母话，在学校不听老师话，这是非常明显的叛逆心理。那么，我们应该怎样面对自己的叛逆呢？

首先，要为自己确立适当的学习目标。

学习是我们的主要任务，和老师、家长之间有冲突，往往也是因为在学习上达不到他们的期望，导致双方对抗情绪的产生。因此，我们要主动和老师以及家长沟通思想，通过交谈，统一认识，让老师和家长帮助我们确立适当的学习目标。目标要具体化，要切实可行——也就是说目标不能定得过高，过高的目标，往往很难实现，会导致挫败感，再说学习也不是急功近利的事情；目标也不能过低，过低的目标不能挖掘我们学习的潜力。

因此，目标一定要适中，适中的目标能让我们产生学习的动力，并获得成功的体验，得到老师和家长的认可。

如此一来，老师和家长就能成为我们的知心朋友，他们就能尊重我们，发现我们的闪光点，给予我们鼓励和支持。在班集体中，我们也能充分展示自己的学习积极性，得到同学们的认可和赞赏，与同学们打成一片，一起参加丰富多彩的课外活动，在活动中充分展示自己的才华，能被自己的集体容纳，这是多么令人骄傲的事情啊。在这样融洽的氛围中，你还想叛逆吗？答案是肯定不想。

其次，我们要正确认识自己，做一个心胸宽广的人。

我们要正确地认识到自己的优点和缺点，不断完善自己，学会控制自己的情绪，做一个心胸宽广的人。能够站在老师和家长的角度去看待问题，用心理换位法理解对方的心情；用宽容的心，减少对别人的埋怨和不解，也减轻自己过重的心理压力；用自我激励和自我安慰的方法来振奋精神，鼓足勇气克服自卑，从而树立满满的自信。这样一来，我们既能够学会自我控制，又能够避免逆反心理的产生，真不愧是一个好办法。苏联著名教育家苏霍姆林斯基说过这样一句话："真正的教育是自我教育。教育就是要迫使人去思考自己。"这句话真是太有道理了。

当然，我们还要弄清楚叛逆和个性的关系。有自己的观点和自己做事的原则是必需的，这与叛逆是两个概念，我们一定要区别对待。

成长训练

我们也不想叛逆啊！这是多少处于我们这个年龄段的伙伴的心里话啊！但是，很多时候我们还是叛逆了。这是我们成长过程中必然要经历的心路历程。但是，不要害怕，也不要纠结，更不要自责，我们只要能够理智面对和老师、家长之间的各种问题，并能心胸宽广、海纳百川，一定不会让大家失望，给自己的青春一份满意的答卷。在这次成长训练中，请为你的一次叛逆行为对老师做出解释，也就是给老师写一封简短的信，就那件事情，谈谈你的感受，也可以谈谈对老师的建议。

每个孩子都可以很阳光

阳光总能给我们一种温暖，给我们一份希望。我们在成长的过程中，要时刻以阳光般的心态，去感受世界上的美好和快乐。即使我们面对困境，遭遇挫折，也要以积极进取的态度去面对，永不逃避。我们要用智慧驱走阴霾，赶走烦恼，心胸开阔，对一切都充满美好的憧憬和希望。

我们，就是要阳光一些！

正在读初中二年级的刘媛媛，学习成绩处于中等水平，她的性格非常内向。在老师和同学们面前，她从不说说笑笑，不和同学们交流，上课也不积极主动地举手发言。老师提问时，她总是低头回答，声音非常小，而且让人听不清，脸也涨得绯红。下课了，她总是静静坐在自己的座位上发呆，从不主动和同学们一起玩耍、做游戏、聊天。老师鼓励她去和同学玩，她只会冲着老师腼腆地笑一下，仍然坐着不动。在学校里，她是这样的状态，那么，在家里是什么情况呢？

放学回到家后，刘媛媛喜欢钻进自己的房间，很少走出房门。她的父母一直在外面忙着做生意，也没有太多时间对她进行教育，她更是很少和爸爸妈妈交流学校里发生的事情，自己在学习上遇到的问题。于是，她就整天只能一人独自待着。

这样独处的状态，是可怕的。

刘媛媛就深陷这样的困境。

哲人亚里士多德曾经说过，“生命的本质在于追求快乐，使得生命快乐的途径有两条：第一，发现使你快乐的时光，增加它；第二，发现使你不快乐的时光，减少它。”

怎样做，我们才可以变得阳光起来？

首先，我们要有一种良好的心态。有什么样的心态，就会拥有什么样的生活。很多时候，我们改变不了事情本身，但是我们能够改变对这个事情的态度，就是要改变我们自己的心态。如果我们能看到事情积极的一面，看到对我们有益的一面，看到阳光的一面，心里肯定是快乐的。相反，如果我们紧紧抓住事情伤害我们的一面不放，只看到阴暗的一面，被动的一面，心境必将变得截然不同——我们会很不开心，心里会很纠结，很痛苦。因为我们远离阳光，深陷在黑暗的世界里。

有一个成语典故叫“塞翁失马，焉知非福”。说靠近边塞地方住着一群人，里面有一位善于推测吉凶祸福的人。他家的马无缘无故跑到胡人那里去了，大家都安慰他。他说：“这怎么就知道不是福气呢?”过了几个月，他家的马带着胡人的骏马回来了，大家都祝贺他。他说：“这怎么就知道不是祸患呢?”家里多了良马，他的儿子喜欢骑马，有一次从马上摔下来折断了腿骨，大家都安慰他，他又说：“这怎么就知道不是福气呢?”过了一年，胡人大举入侵边塞，壮年男子都拿起弓箭参战，住在边塞附近的壮年男子百分之九十的人都因战争而死去，他儿子因为腿瘸的原因未去参军，父子俩的性命都得以保全。

这个故事告诉我们，有一份乐观向上而又客观理性的心态是多么重要，我们一定要看到，任何事情都有好的一面和不好的一面。不好的一面，是有可能向好的一面进行转化的，当陷入困境时不要过早下结论而郁闷不已。我们不论面对任何事情都应该一分为二地看待，改变了心态，事情真的也就改变了。这样我们的内心就多了一些阳光的照射，能更加快乐地生活。

其次，我们要活在当下，珍藏过程。意思是说不要沉浸在过去的回忆里，也不要过于迷幻于对未来的幻想中。

很多时候，我们都不能很好地活在当下，往往是吃饭的时候，我们想着吃完饭之后的事情，而没有好好品尝美味佳肴；睡觉的时候会想着白天受的委屈，不但没有享受美梦的甜蜜，反而一觉醒来感觉特别疲惫；今天想着明天的安排，久久不能成寐……

这就是我们生活的状态，我们很多时候都没有好好感受当下的情境。昨日已成枉然不可追，明天还是未知数，无法预料。只有“当下”才是最真实的，当下才是属于我们的，活于当下，价值最大。如果我们一味地为过去的事情而追悔，就会变得非常消沉；如果我们一味地为未来的事情担心，就会变得惶惶不可终日，惴惴不安。

我们最应该把握的只有现在，认真做好现在的事，不要让过去的和将来的影响我们的心境。活在当下，是让我们感受当下的快乐，现在的快乐。活在当下，就要学会发现发生在我们身上的美好事情，要相信自己是快乐的。因为生命的本质就是阳光般的心灵，快乐的生活。

要变得阳光起来，还要有一颗感恩的心，有一个宽容的胸怀。

学会感恩，感恩我们的父母将我们带到这个五彩缤纷的世界，让我们经历了那么多，得到了生命的所有馈赠；感恩我们的老师，在孜孜不倦的教诲中，给予了我们无限的知识，告诉我们做人的道理和原则；感恩我们的同学好友，在成长过程中，帮助我们解决学习中遇到的困难，分享我们的成功，一起感受春天的勃勃生机，夏天的赤日炎炎，秋天的硕果累累，冬天的皑皑白雪；感恩经历的所有快乐和痛苦，丰富了我们的人生，让我们的生命更加绚丽多彩。拥有一颗感恩的心，我们才能拥有一份阳光般的心情；拥有一颗宽容的心，学会放弃，学会谅解，这样才能塑造一份阳光的心态。

只有这样，我们才能够走出心灵的阴影，勇敢地与人交往，勇敢地去爱。只有这样，我们每个人才可以生活在灿烂的阳光中。

成长训练

阳光离我们并不遥远，不论外面的世界变成什么模样，我们都有权利让自己阳光般灿烂地生活、学习，因为我们拥有一份好的心态，有能力调控自己的心境，有能力把握自己的命运。在这次的成长训练中，就是请你寻找出最让你纠结的一个心结。正是那个心结让你心情昏暗，让你无法摆脱心灵上的阴影。现在就写在下面，然后寻找对策，想出办法，让这个心结打开，让阳光照进自己的心灵。

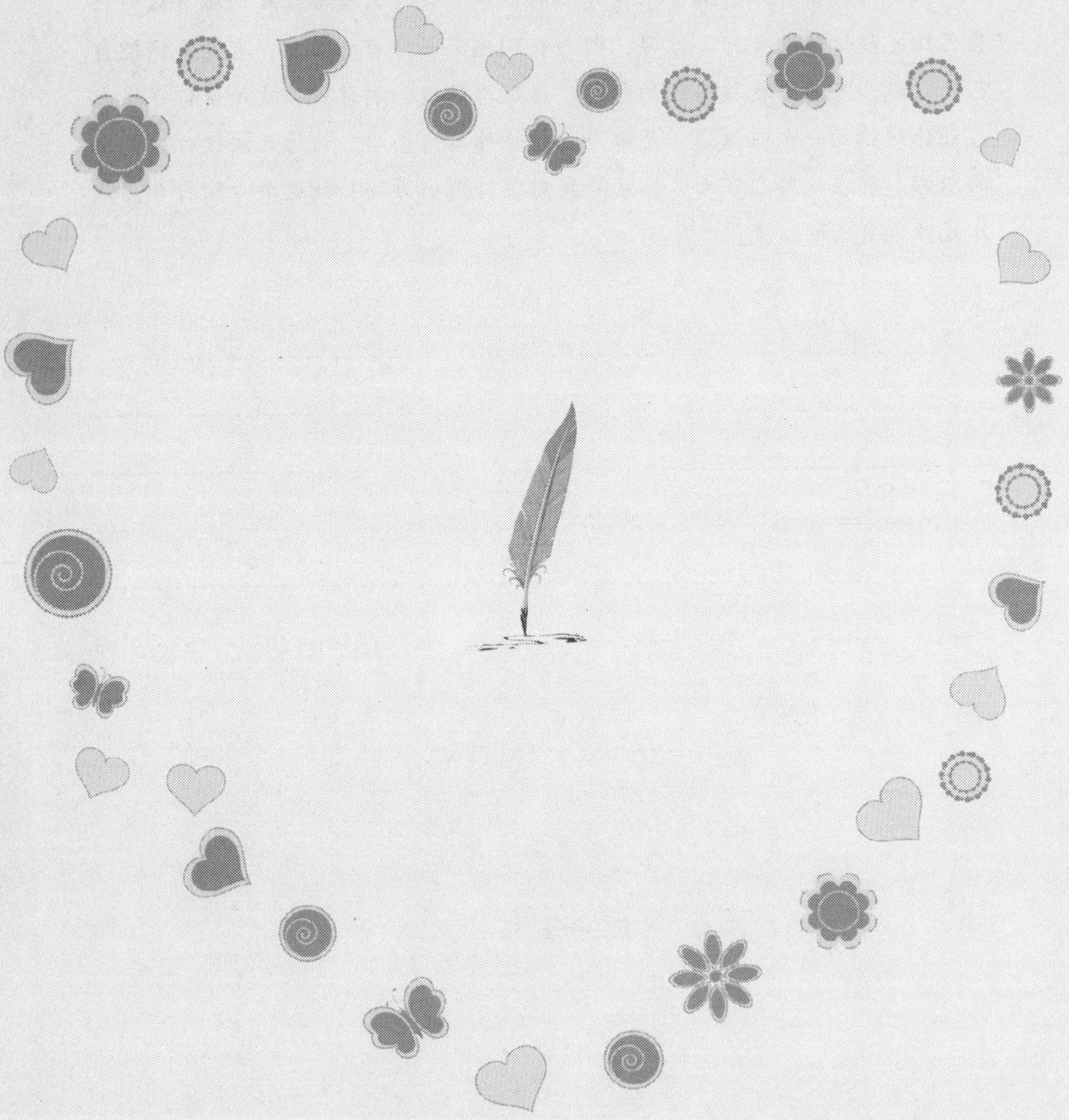

第七章

解决问题靠能力，成功人生靠心态

观察力，把问题“扼杀”在萌芽里

一个阿拉伯人在沙漠里与骑骆驼的同伴失散了，他找了整整一天也没有找到同伴。傍晚，他遇到一个贝都印人。阿拉伯人询问贝都印人是否见到失踪的同伴和他的骆驼。“你的同伴不仅是胖子，而且是跛子，对吗?”贝都印人问，“他手里是不是拿一根棍子？他的骆驼只有一只眼，驮着枣子，是吗?”于是阿拉伯人就连忙问他是在哪里看到的，但是这个贝都印人说自己并没有亲眼所见，而是通过仔细观察推测到的，“我是从他的脚印里看出来的。你看这个人的脚印：左脚印要比右脚印大且深，这不是说明，走过这里的人是个跛子吗？现在再比一比他和我的脚印，你会发现，他的脚印比我的深，这不是表明他比我胖吗？你看，骆驼只吃它身体右边的草，这就说明，骆驼只有一只眼，它只看到路的一边。你看，这些蚂蚁都聚在一起，难道你没有看清它们都在吸吮枣汁吗?”

“你怎么确定他在三个小时前离开这里的呢?”

贝都印人解释说：“你看棕榈树的影子。在这样的大热天，你总不会认为一个人不要凉快而坐在太阳光下吧！所以，可以肯定，你的同伴曾经是在树荫下休息过。可以推算出，阴影从他躺下的地方移到现在我们站的地方，需要三个小时左右。”听罢之后，阿拉伯人急忙朝叙利亚方向去找，果然找到了他的同伴。事实证明，贝都印人说的都是正确的。

这正是细心观察带给我们的启发，只有细心观察才能使得一些问题迎刃而解。

巴斯德曾经说过："我们要给自己的热心找一个不可分离的伴侣，这个伴侣就是严格的观察。"观察力是一种有计划、有目的的"看"，还包含着理解、思考等一些积极的主体性。我们正处于学习知识、提高能力，更好地认识世界、感知世界的最佳时期，只有细心观察，才能更好地感知外在的丰富而又准确的信息；只有细心观察，才能感受到非常重要的事物；只有细心观察，才能正确记住重要的知识，并加以应用，从而更好地提高我们的能力。

观察力，不仅是我们认识事物、增长知识的重要途径，也是发展我们智力的基础，观察力能够丰富我们的想象，发展我们创造性的思维。

敏锐而正确的观察力可以帮助我们避免错误，解决问题，使得我们更好地学习，更好地生活，可见，不论何时，不论做什么事情，有一种敏锐的观察力，是非常重要的，这样才能将问题"扼杀"在萌芽状态。

那么，怎样培养观察力呢？我们结合实际情况来讨论讨论吧！

首先要明确观察的目的是什么。既然是观察一个事物，或者是一个现象，那么就一定有明确的观察目的。观察目的，就是对一个事物或者现象进行观察时，想采用什么样的方法，实现怎样的观察效果。这样有的放矢地观察，能把观察的注意力集中到事物或者现象的主要方面，找到本质的特征，不至于目标散漫，到最后不能达到最初的观察目标。

比如我们今天要写一篇观察日记，但是没有明确的目标——不是观察星星、月亮等自然现象，也不是观察人们的衣着打扮等人文现象，而是无目的地去东张西望，势必不能很好地锻炼我们的观察力。只有有明确目的的观察才是有效的，才能提高我们的观察力。

其次要制订观察计划。观察目标明确了，接下来就要制订切实可行的观察计划。

在实施观察之前，一定要制订周密的计划，严密安排好将要观察的内容、将要使用的观察方法。可想而知，如果我们没有明确而又切实可行的计划，我们在观察的过程中将会一点条理性都没有，就不会有什么太大的收获。因此，一定要在观察之前，依据既定的观察目的，按照观察的顺序，写成书面的计划，有秩序地进行观察和实施。

比如有的同学一直都很发愁写作文，那么我们在制订观察计划的时候，就可以从周围熟悉的事物开始，先观察家里的事物，通过养鱼、栽花、家里的摆设以及做家务活等等，来观察和体会相关事物和物体的特点、规律；再观察外面的事物或者物体，比如服装店的布置，川流不息的汽车等。这样有计划的观察，一定能帮助我们解决很多学习、生活中遇到的问题。

详尽可行的观察计划制订好了，接下来就是选择适合自己的观察方法。

一个优秀的观察者必须具备观察事物的技巧，掌握适当的观察方法。我们比较常用的是自然观察法，自然观察法是指对大自然中所存在的事物进行详细的观察。比如我们可以在动物园里观察各种动物的饮食情况、身体状态、活动情况等等。我们还可以分得更加细化一些，先观察飞禽类的动物，再观察走兽类的动物。自然观察法能收集到客观存在的真实材料，但是也存在一定的局限性，那就是这种观察法，往往只能收集到观察对象的外部行为特征。举个例子，如果我们观察花园里的植物，用这种观察方法，往往只能收集到花的颜色、味道、形状等外在的特征，至于这种花有什么来历，与人们的生活有什么关系就不得而知了。

为了能够更加全面地对一个事物或者一种现象进行观察研究，以便得到更为全面的了解，我们还应该使用全面观察法。因为在较短的时间里，不可能对一个事物或者现象进行系统的观察，从而得到更好的结论，因此，我们要会采用长期观察法，比如天文地理的观察，恐龙化石的观察，都要有耐心，要实施长期的观察。有些事物或者现象，仅凭肉眼的观察是不行的，还要通过实验进行观察，比如鱼类与哺乳动物在生理结构上究竟有怎样的区别，这就要通过解剖观察来得到证实，得到结论，这种方法是实验观察法。

观察力是我们认识事物、辨别事物的一种能力。只有拥有并利用好这种能力，我们才能更好地认识、了解事物，才能感受到世界的美好。

成长训练

在这次成长训练中，我们的任务是来观察一下身边的人，看看他们分别有什么样的习惯性语言，比如老师最喜欢说的一句话是什么？爸爸最习惯做的一个动作是什么？妈妈最常见的一个表情是什么？请将观察到的这些细节，一一写在下面。

分析力，迅速找到症结所在

面对成长中出现的种种问题，我们应该有一种有效的分析力。

什么是分析力？说白了，分析力即分析问题的能力，是解决问题的前提和基础。问题并不是可怕的，只要我们具备了一定的分析问题的能力，掌握了解决问题的技巧，能快速找到问题症结的所在，问题就一定能够迎刃而解。

刘安然同学正在读初中三年级，他在学习物理时有着这样的体会：解题不能靠死记硬背，而是要有一种逻辑性强、效率高的问题分析力。

他刚进入初中二年级时，也喜欢物理课，可总是学不好，虽然已经在平日里将那些概念、定义、定律、公式背得滚瓜烂熟，但是每到做作业的时候，那些背熟的公式、定义却都成无用之物了，出错是常有的事情。

后来，在老师和同学的帮助下，刘安然渐渐地明白，要想学好物理，不能只靠机械的记忆，遇到问题要学会分析，在分析中加深理解，在理解中将学到的相关公式、定义、定律加以运用，弄清楚每个概念、定义、定律和公式的含义及其适用的条件，熟练掌握各种物理量单位及相互间的换算方法等。

比如，面对物理课中讲到的“功”这一部分知识点，他一改往日的学习习惯，没有急切而机械地记忆其概念，而是认真分析了“功”的含义和平时习惯性死记硬背的含义的区别。这样一比较，刘安然对“功”的理解就更加深刻了。有了这样的思路转变，遇到问题和知识点的时候，他总是认

真审题，认真分析问题，思路越来越广阔，随之而来的是解题的方法增多，很好地解决了问题，提高了学习效率。

刘安然同学在学习物理的过程中遇到的问题，通过正确分析，找到问题的症结，最后成功地加以解决了。我们在学习中同样也经常会遇到诸如此类的问题，尤其是在学习数学、物理、化学这些需要分析的科目时，常常会因为方法的不当，没有比较严密、深刻的分析，而出现效率不高的问题。在学习中遇到的这些问题，要有清晰的分析问题的思路，正确面对出现的问题，不要纠结，因为唯有问题才能让我们进步。

在学习中，不要死记硬背。我们可以将相关的概念、要素、计算公式、单位换算进行理解性记忆，并用于实际的解题过程中。

在我们做习题的过程中，一定要分析清楚题目的意思，认真读题，读出要义，并认真地分析题目，找出已知条件与寻求结果之间的关系。只有在做题中进行这样有目的地分析，才能理清自己的解题思路，最后，将思路进行常规的整理，列好算式或者按照要求用文字表达出来，最后求出答案。

经过这样详尽分析、认真审题之后，我们再回过头来想想得到答案的整个过程和所有的环节，就会发现分析力在我们学习中的重要性。只有分析出规律性的知识点，才能将平时掌握的知识融会贯通加以运用。这样就能更好地掌握知识、运用知识、学习知识，达到解决问题的目的。

我们在成长的过程中，不仅在学习中遇到问题，需要去分析解决，在与同学相处中出现问题时，我们也要去分析，找出问题的症结，不至于盲目地断绝交往，或者是将仇恨的种子埋在心间，给彼此带来心灵上的伤害，影响我们将来的人际关系。

问题出现了，我们一定要静下心来分析其中的原因，千万不能着急、焦虑，要用正确的心态面对问题，要有清晰的思路分析和解决问题。

有位叫李洋洋的同学，就遇到一个棘手的问题：他的一个好朋友总是不相信他。不论平日里李洋洋怎么帮助他，关心他，朋友总是怀疑这份友谊，

认为他对朋友的付出不够多。再加上这位朋友和另外一位要好的朋友也发生了矛盾，李洋洋夹在中间十分为难，与谁交往大家都不高兴，都不理解，使他十分苦恼。李洋洋不知怎么做才能消除朋友的怀疑，才能继续交往下去，最后干脆与两位朋友都不再交往。可是，他的内心又十分孤独、寂寞，想恢复与朋友的关系，又不知该怎样去做。

问题出现了，一定要学会分析问题。分析问题的时候，要多问几个为什么，只有这样才能找出原因所在。

为什么李洋洋在与朋友相处的过程中出现这样的苦恼呢？很显然是因为彼此之间缺少了沟通，失去了信任。因为缺少了沟通，才让两位好朋友误解。他解决问题的方法，是放弃与两位朋友继续交往，很显然这是一种极端的做法，也是最糟糕的做法。明明心里不愿意放弃这份珍贵的友情，却因为处理不好而苦恼，因为放弃而苦恼。怎样做才是合适的呢？这个时候，要找出解决问题的最佳方法，三个人可以坐在一起，一起去表达内心的感受和想法，只有这样，大家一起开诚布公地分析问题、解决问题，最后才能够和好如初。

当我们敏感地观察到问题的出现后，要准确地分析出问题的症结所在，找出解决问题的方法。这种能力，是需要长期训练才能拥有的。

成长训练

这次训练，是请你静下心来分析一下，这次你的成绩下降了不少，到底是什么原因造成的。是因为平时不用功？还是考试时不认真？或者因为家庭因素影响？总之，请你分析出现问题的根本原因是什么，然后再想出解决问题的方法，写在下面的空格内。

学会转换思维，灵活应对

在学习中，我们常常会有这样的体会，即便是我们在学习上非常勤奋，常常是最早来到教室，最晚离开教室，甚至是“五更起床三更眠，埋头苦读不等闲”，但是依然不能提高学习效率。这是什么原因呢？

是不是我们在学习的时候，思维方式太单一，思维不够灵活？当我们在学习中遇到不明白的问题时，不仅要学会用科学的学习方法，还要不断变换思维方式，从不同的角度来思考遇到的问题。我们要善于运用分析、综合的思维方法，善于运用逆向思维和发散思维的方式，甚至要多种思维方式相结合，而不要单纯使用一种思维方式思考问题。不仅要从正面思考，还要“反过来想一想”、“多角度想一想”、“多层次想一想”，让思维更加灵活，这样才能借助灵活的思维能力，将一些比较难以理解的问题，变得简单易行。

转换思维对于我们的学习有着深刻的意义，对于我们的生活也是一样，同样一个问题或者现象，用不同的思维角度和方法来对待，会带来完全不同的结果。

在陆瑶瑶的记忆中，有这样一件事情，初中即将毕业，申报志愿时，她的英语老师语重心长地说：“你的成绩虽然还不错，但是你是靠勤奋得来的优异成绩，你不是那种一点就通的学生，你思维不是很活跃，继续读高中不是你最好的选择，即使你考上了高中，你的成绩也不会很乐观，还不如考个师范学校，更适合你。”听后，瑶瑶似乎成了一个泄了气的皮球，这严重打击了她学习的积极性和前进的勇气。

时间不长，瑶瑶对学习的松懈以及悲观的态度，被细心的班主任老师发觉了，他耐心地教导瑶瑶：“人的智力是不相上下的，但你所具有的认真学习、刻苦努力的精神，是他们没有的，也正是你的这些优秀的学习品质，才使得你取得了今天的成绩。换一种思维方式来理解英语老师的话吧，她也是希望你能在学业中选择适合自己的学校，这是对你的关爱啊！”

老师这一席诚恳而又发自肺腑的话如同春雨滋润着瑶瑶的心灵，再次激起了她前进的勇气，让她撑起理想的风帆继续遨游在知识的海洋。后来，她以优异的成绩跨进了中等师范学校的大门，如今已经成为一名优秀的小学老师。每每想起两位老师的话语，她内心就充满了感激。她感激班主任老师的是表扬、激励和祝愿，帮助自己消除了对英语老师的误解；感激英语老师的直言不讳的关爱。

同样的语言，在瑶瑶的心里一前一后有了很大的变化，这就是转换思维看问题的结果。我们可以想象，如果当初她将英语老师的关爱看成是一种打击，不仅会对老师的爱产生错误的认识，而且还真有可能打击了这个本身性格就很脆弱的女生，好在不同的思维方式，带来了截然不同的结局。

转换思维能够让我们转败为胜，给我们的生活注入新的力量，帮助我们创造人生的辉煌。有这样一个例子：有一个工厂的工人由于操作不当，生产出了一堆不能使用的废纸，结果被老板无情地赶出了工厂。在一阵沮丧过后，他重新振作起来，开始研究那些废纸，结果发现它们具有良好的吸水性能，于是发明了吸水纸，经过切割处理，加以包装，推向市场，结果十分畅销。最终，他不仅获得了可观的财富，还申请了专利。在他看来，失败并非一个终点，恰恰相反，他从中重新获得了另一个绝妙的起点，并从失败中创造了新的辉煌。可以想象，如果当初这个工人因为这次失误而一蹶不振，又怎么会有最后这辉煌的结局呢？这就是转换思维的魅力。

当我们面对困难的时候，要从不同的角度来看待困难，如果我们把困难看做是一块坚冰，转换思维就如同万道阳光，为我们破冰而行；如果我们把困难看做是茫茫黑夜，转换思维就好似击穿黑暗的火焰，为我们带来无限的光明；如果我们把困难看做是泥泞的路途，转换思维则为我们开创柳暗花明的阳光之路。

我们在学习和生活中，总会遇到这样那样无法避免的困难与失败，只要我们拥有了转换思维的智慧，能够换个角度看待问题、思考问题，我们就一定能走出困难的境地，进入明亮而美好的明天。

成长训练

学会转换思维，学会站在事情的另一个角度去考虑问题，站在积极的方面去为人处世，这样，在遇到困难的日子里，一定能够灵活应对，达到理想的境界。在这次的训练中，请你想一想，是不是有过对老师的某一句话不理解，甚至很恼火的时候？如果有，那么，请你尝试着换一个角度来想一想，看看老师的话是不是并非你当时所理解的那样，而是有着另外对你有益的意义呢？

自信是一剂灵丹妙药

自信是成功路上的一剂灵丹妙药，古往今来，在事业上有所成就、有所建树的人都拥有一份自信心。自信是一股我们想象不到的巨大力量，只要有自信就一定能产生意想不到的神奇效果。自信是人生的助推器，让我们有勇气去面对所有的困难和挫折。

小泽征尔是世界著名的交响乐指挥家。在一次世界优秀指挥家大赛的决赛中，他冷静而充满信心地按照评委会给的乐谱投入地指挥演奏，但是，在演奏的过程中，他敏捷地发现了不和谐的声音。刚开始的时候，他以为是乐队演奏出了错误，于是就停下来让乐队重新演奏，演奏了很多次，还是感觉有明显的不对，他觉得是乐谱有问题，一定是出了什么问题。这时，在场的作曲家和评委会的权威人士都郑重声明乐谱没有问题，是他自己的错觉。面对一大批音乐大师和权威人士，他再三慎重思考，最后斩钉截铁地大声说："不！一定是乐谱错了！"话音刚落，评委席上的评委们立即站起来，报以热烈的掌声，祝贺他大赛夺魁。原来，这是评委们精心设计的"圈套"，以此来检验指挥家在发现乐谱错误并遭到权威人士"否定"的情况下，还能不能再继续坚持自己的正确主张。这也是对一个指挥家自信的考验，前两位参加决赛的指挥家虽然也发现了错误，但终因随声附和权威们的意见而被淘汰。小泽征尔却因充满自信而摘取了世界指挥家大赛的桂冠。

小泽征尔的自信将自己带到了成功面前，可见一个人拥有一份坚定的自信是多么重要。我们要在成长路程中充满自信，学习上要有自信，人际交往也要充满自信，参加课外活动时同样需要充满自信。

学习是我们的主要任务，也是我们的主要责任。在学习中我们会因为失去自信而出现偏科的现象、厌学的现象，因为不自信而出现考试焦虑的现象，诸如此类学习问题，让我们不得不好好讨论怎样培养学习的自信问题。

在学习上要多一些成功的体验。成功不在于一定要名列前茅，而是要自己和自己作比较，比如因为缺少信心，对学习已经完全失去了信心，突然有一天，在老师的鼓励和引导下，我们想写作业了，虽然这还不能很快提高成绩，但是，至少我们的学习态度比以前有了很大的进步，这时候，一定要学会赞赏自己，鼓励自己明天的家庭作业一定会做得更好。平时我们的英语成绩一直都不及格，经过努力，这次初二年终测评竟然考及格了，也是很值得高兴的事情。静静地想想发生在我们学习中小的成功是不是很多啊？这样一想我们就会发现自己存在很大的学习潜力，是有机会、有可能进步的，多多体验这份成功非常重要，只有小成功多了，才能出现大的成功的奇迹。

想办法解决学习兴趣缺乏的问题。因为学习缺少自信，缺少动力，所以出现了这样那样的问题，在学习中找到自己最感兴趣的知识点来学习，找到感觉比较容易的知识加以运用，慢慢由浅到深，不明白的问题多请教老师和同学。千万不要因为自己成绩不理想而不好意思询问。每天都有或大或小的进步，老师和同学们一定会投来赞赏的目光，慢慢在老师的帮助、引导和鼓励下，成绩一点点提升，我们对学习的兴趣也会变得越来越浓厚，随之而来的是拥有一份真正属于自己的自信。

培养学习上的自信，最主要的一点是要掌握合理、科学的学习方法，正确预习，认真听讲、做笔记，及时高效地完成作业等，都是提升自信的好方法，大家不妨试一试。我们学习过程中的自信心，往往就是这样培育出来的。

很多同学在人际交往的过程中缺乏自信。我们的人际关系主要包括与老师的相处，与同学的相处。当我们与老师相处的时候，不必太拘谨，而是要充满自信，尤其是在遇到不明白的问题时，老师是很喜欢我们去请教的，一定能不厌其烦给我们讲解，我们要自信大胆地去请教；当我们与同学之间的交往遇到问题的时候，自己如果处理不好，我们可以将老师当做自己的朋友，勇敢而自信地去交流，去寻求帮助；当我们因为某个错误，遭到老师的指责时，不要有一些负面的想法，比如觉得老师“处事不公正”啊，老师“轻视自己”啊等等，更不要因为这件事情而失去与老师交往的信心和勇气，老师是永远爱自己的学生的，正如爸爸妈妈爱我们一样。自信的人不会多疑，自信的人也不会怯懦。

同学是我们在学校的主要交际对象，有时候会因为处理不好与同学之间的关系而出现很多苦恼。比如因为学习成绩很出色，在班级里遭到同学的嫉妒；因为学习成绩不理想，总感觉很多人看不起自己；因为当班干部，和班主任交往较多，遭到同学们不着边际的议论等现象。其实，很多时候这些现象并不是真实存在的，原因在于我们和同学缺少沟通与交流，正因为这样，我们更不知该怎样和同学们相处，导致与同学交往缺少自信。同学之间亲如手足，是没有血缘关系的亲人，但我们不妨想一想，当我们遇到困难的时候，是不是同学伸出了友谊之手？想和同学交往，最主要的是要相信同学之间的真诚。相信一件事情，也是源于我们内心的自信。

尼克松是我们熟悉的美国总统，但就是这样一个大人物，却因为一个缺乏自信的错误而毁掉了自己的政治前程。

1972 年，尼克松竞选连任。由于他在第一任期内政绩斐然，所以大多数政治评论家都预测尼克松将以绝对优势获得胜利。

然而，尼克松本人却很不自信，他走不出过去几次失败的心理阴影，极度担心再次出现失败。在这种潜意识的驱使下，他鬼使神差地干出了后悔终生的蠢事。他指派手下的人潜入竞选对手总部所驻的水门大厦，在对手的办公室里安装窃听器并偷拍有关文件时，当场被捕。事发之后，他又连连阻止调查，推卸责任，在选举胜利后不久便被迫辞职。本来稳操胜券的尼克松，却因缺乏自信而导致惨败。

自信是成功路上的灵丹妙药。我们在学习过程中，无论是学业上还是师生关系乃至同学关系上都要充满自信。自信的人，是内心强大的人。自信的人不但可以让自己自信，还可以通过鼓励、关爱等方法帮助不自信的人拥有自信。

成长训练

自信是我们人生路上的灵丹妙药，是我们人生路上的航向标，指引着我们努力向理想的彼岸前行，乘风破浪，实现自我，实现理想，使不可能成为可能，使可能成为现实。一分自信，一分成功；十分自信，十分成功。请做一个充满自信的人！在这次训练中，请你搜集十条以上关于自信的名言警句，写在下面，时常看一看，读一读。

勇敢地迎接问题，沉着地应对问题

刘洁同学正在读初中二年级，在不到一个学期的时间里，就给老师和同学们留下了深刻的印象，被大家所熟知。这是什么原因呢?

原来是因为她经常不完成作业，在老师记录的未完成作业的名单上总是有她的名字；每次测验不及格，在需要将家长请到学校的名单上也有她的名字；在课堂上爱说话，不认真听讲的也有她。

就这样，她来到学校的心理咨询室寻求老师的帮助。

经过交谈了解到，原来，刘洁并不是开始就不喜欢上课，而是因为她不喜欢数学老师，对数学老师有很大的偏见。因为数学老师总是在同学面前毫无顾忌地批评、打击、嘲讽她，使她没有了自尊，没有了脸面，抬不起头来，总觉得同学们在嘲笑自己。于是，她就越来越不喜欢与同学一起探讨问题。就这样，她不喜欢学习数学这门课了，渐渐地由不喜欢学习数学，蔓延到不喜欢学习英语、语文、化学、物理等多门学科，慢慢就自暴自弃了，这让她很是苦恼。

刘洁在学习中遇到了很大的问题。没有了兴趣，没有了信心，没有了动力，更谈不上好的学习方法了。但是，细细思考就会发现，刘洁不仅仅是在学习中遇到了不小的问题，她在人际交往中也遇到了不小的问题。那就是与老师的交往缺少了信任，与同学的交往缺少了自信。

我们在成长过程中，通常会在学习上、人际交往上遇到各种问题。

很多同学在学习中，常常和刘洁一样缺乏兴趣和动力，找不到有效的记忆方法，长时间下去就影响了学习的兴趣。正如爱因斯坦所说的，“兴趣是最好的老师”，兴趣是我们学习的动力。学习兴趣的培养，不仅直接影响我们学习的效率，还将影响到我们潜在能力的挖掘和发挥。

学习兴趣的培养，其实也很简单，那就是要在学习中主动参与和表现，让自己主动投入到班级的学习中去，不要置身局外。具体怎么做呢？上课要认真思考，积极回答问题，将自己的思考结果展示在课堂上，也就是将自己一点点的进步与老师、同学一起分享，在点滴的进步中感受到成功带给我们的快乐。

我们要提高课堂教学过程的参与率，避免课堂中的“只管听”现象。我们可以想象，一位同学在课堂上因为积极主动地学习，能感觉到老师的赞赏，“好极了！”“就这样！”“真是不可思议！”“真不错！真有你的！”这些美好的话语，不断涌入他的耳边，融入他的心间，他又怎么会不全神贯注地听课，积极参与课堂教学活动，全力表现自己呢？老师的一次次表扬，同学们一次次的掌声，都将给我们带来很大的信心，让我们体会获得成功的快乐，从而慢慢喜欢上学习，对学习产生浓厚的兴趣。

我们在学习中要科学用脑，提高记忆力，从而提高学习的效率，解决学习中的问题。常用的记忆方法有很多，科学的记忆方法能提高学习效率。有意记忆，是指有明确记忆目的，并采取相应记忆方法的记忆，这是我们获得系统科学知识、完成特定任务和积累个体经验的主要记忆形式，这样有意识的记忆要比无意识的记忆更牢固、精确。

在理解的基础上识记，即意义记忆。若要记得，先要懂得，先要理解，因为理解是记忆的基础，所以，学习中应多动脑子琢磨，理解领会，将理解的新知识和原有的知识经验相互连接，从而巩固记忆效果。

当然，记忆的方法还有很多，我们可以根据自己的情况有选择地借鉴和使用。学习中我们遇到的常见问题将会迎刃而解，在与老师和同学们的交往中，该怎样克服自卑、胆怯这样的问题呢？

案例中的刘洁就是因为缺乏和老师、同学沟通交流的勇气，才使得问题越来越多，烦恼不能自行排解。如果她能在遇到学习中的问题时，及时大胆地向老师、同学请教，也不至于出现这种局面。当我们遇到学习、生活中的问题时，一定要寻求老师的帮助，对于我们的苦恼，老师一定能给予理解、分析和帮助的。

与同学交往更不需要胆怯、自卑，每个同学的内心都是明亮而温暖的，我们渴望友情的时候，其他同学也是一样渴望，不要用自己的想法去看待同学，当我们都敞开心扉视对方为朋友的时候，也就没有了界限，没有了自卑，有的是珍贵的友谊，是无条件的信任，无条件的帮助。

勇敢面对学习和人际交往中的各种问题，就一定能看到成功就在前方。而我们往往是不敢面对我们的问题，采取逃避的办法，来逃避学习上的困难，躲避人际交往中的矛盾。我们的成长，是一个勇于面对困难，敢于迎接挑战的过程，而那些躲闪和回避的做法，是我们成长的绊脚石，它们阻碍了我们。正确的做法是，在成长的路途上，无论遇到学习上的拦路虎，还是碰到了人际关系中的矛盾冲突，都要选择勇敢地正视，要与它们面对面。在此基础上，再沉着应战，成功攻克它，跨越它，我们才会在成长的阶梯上更上一步。

成长训练

问题的出现，能让我们更好地认识自我，能在解决问题的过程中体验生命的精彩，面对问题，需要的是积极勇敢的态度，需要的是科学理智的方法。在这次成长训练中，请你想一想，是否遇到过一个无法逾越的问题，让你止步不前，望而却步？有的话，将它写在下面。然后，通过请教别人或者自己思考，寻找面对它、解决它的方法。

虚心好学，独立自主

在人类漫长的历史长河中，当我们回望那些成功者的丰功伟绩时，不禁进入深深的思索，心中充满了无限的钦佩和仰慕之情。那些成功者让我们懂得，在成功的背后，是他们的虚心好学，独立自主，加上丰富实用的知识，阅人无数的经验，最终成就了他们的辉煌人生。

青少年正处于如雨后春笋般成长的阶段，急需要在知识、做人方面成长，更应该有这种虚心好学、独立自主的精神，因为我们有自己的人生梦想，我们也不想虚度光阴，我们也渴望成功。

虚心好学的人不自满，肯接受任何批评，并虚心向别人请教问题，学习相关的知识。有真才实学的人往往虚怀若谷，谦虚好学；而不学无术、一知半解的人，却常常骄傲自大，自以为是，好为人师。谦虚好学是一种美德，也是进取和成功的必要前提。

北宋时期，福建将乐县有个叫杨时的进士，他特别喜好钻研学问，到处寻师访友，曾就学于洛阳著名学者程颢门下。程颢死后，又将杨时推荐到其弟程颐门下，在洛阳伊川所建的伊川书院中求学。

杨时那时已经四十岁了，学问也相当高，但他仍谦虚谨慎，不骄不躁，尊师敬友，深得程颐的喜爱，被程颐视为得意门生，得其真传。一次杨时同一起学习的游酢去向程颐请教学问，却不巧赶上老师正在屋中打盹儿。杨时便劝告游酢不要惊醒老师，于是两人静立门口，等老师醒来。一会儿，天上飘起鹅毛大雪，越下越急，杨时和游酢却还立在雪中，游酢实在冻得受不了，几次想叫醒程颐，都被杨时阻拦了。直到程颐一觉醒来，才赫然发现门外的两个雪人！从此，程颐深受感动，更加尽心尽力教杨时，杨时不负众望，终于学到了老师的全部学问。之后，杨时回到南方传播程氏理学，被后世学者誉为“程氏正宗”，世称“龟山先生”。

后来，人们常用“程门立雪”这个典故，赞扬那些求学师门，专心致志，虚心好学，尊师重教的人。虚心好学，是一种有修养的表现。一个人只有虚心，才会让别人尊重。

谦虚好学不仅仅在学习文化知识方面，还在做人处事方面，我们也应该有这样的一种心态和行为。当我们在做一件事情的时候，当别人真诚地向你提出有益的建议时，我们应当虚心接受，这也是一种学习，因为“满招损，谦受益”。虚心接受他人有益的意见，一定能把事情做得更好。当然，别人的意见一旦提出来，我们也不能盲目随从，也要加以分辨，对我们没有帮助的要毅然决然丢掉，对我们有帮助、有启发的就要虚心采纳。谦虚好学的人一定会成功。

面对学习、生活中的许多问题，我们会经历一次又一次的挫折和成长，在这个过程中，我们不能总是希望得到别人的帮助，我们更要依靠自己，这正是独立自主。独立去经历一些事情、完成一些事情，需要独立思考、善于怀疑、批判和创新。只有做到这几点，我们才能在独立中成长，打造成功的自我。

要学会独立思考。独立思考对于我们的学习和成长有着非常重要的意义，因为只有独立思考才能让我们拥有属于自己的独立而有个性的思想，才能拥有独立的人格，才会具有独立的创新能力。独立思考，是指遇到任何问题，都能开动我们的脑筋，自觉主动地去发现问题，独立自主地去解决问题。比如在完成作业时，我们就应该独立思考，独立完成题目。独立思考能更好地锻炼我们的思维能力，能让我们在一次次克服困难之后获得成就感，变得更加有信心，兴趣更为浓厚。

独立自主地解决问题，要善于怀疑、批判和创新。善于怀疑是对于任何事物和任何事情都要采取怀疑的态度，要学会带着怀疑思考。在我们不断接受别人的意见或者答案的时候，可能已经迷失了自我，在问题的否决上就失去了权力，失去了自主性。怀疑地思考、批判地思考，可以让我们从中学习很多常识，可以更深入地了解到事物的本质，可以对我们的学习和思维方法有所帮助。善于批判，就是对现有的事物或观点，采取科学的扬弃态度，就是我们常说的“取其精华，去其糟粕”。批判性的思考需要提出问题，推理问题，最后找到推理的结果。所有的怀疑、批判都是要实现思考的创新，善于创新。尊重权威，但是不迷信权威，我们要在质疑的声音中，在自己已掌握的经验中标新立异，开创新的局面。

虚心好学，独立自主，是我们成功路上的法宝。学会了虚心，学会了独立，这才是我们真正的成长。

成长训练

为人处世，每个人都有自己的方法，但是虚心好学是我们获取知识的一种正常态度，体现了我们强烈的求知欲望；独立自主是我们主动思考问题、解决问题的智慧之举，体现了我们个性的存在意义。在这次成长训练中，请你盘点一下在生活中和学习上，你有哪些事情还在依赖别人而无法独立完成，比如做作业，比如清洗自己的衣物等等。请统统列在下面，然后思考如何学会独立解决这些问题。

面对诱惑，学会约束自己

现在的社会是一个信息渠道非常丰富的社会。尤其是网络的迅速发展，几乎遍及每个家庭，我们每天都能接触到网络。网络让我们能够便捷快速地了解各方面的知识、新闻等，它所带来的影响远远超出了我们的想象。但是，如果我们不能很好地利用网络，面对五彩缤纷、鱼龙混杂的网络信息的时候，会产生一些消极的影响，会抵制不住诱惑，给我们带来很多危害。尤为严重的是网络游戏会给我们带来极大危害。

网络游戏让人容易成瘾，长时间沉迷于游戏会影响身体健康，荒废正常的学业。因为我们的自制力还不是很强，很容易被富有趣味的网络游戏所吸引，上瘾之后，想要全身而退，会非常困难，现实中有很多这样的例子，我们周围也不乏这样的同学。长时间上网，成为网络的俘虏，会影响食欲，影响睡眠，严重影响了身体正常营养的摄入和发育，这样的例子是很多的，结局也令人触目惊心。2006 年 5 月，海南省临高县一名中学生，在五一长假期间，长时间玩网络游戏，多天没有吃一粒饭，没有喝一口水，结果猝死在电脑桌前。湖南浏阳一名中学生在网吧待了四天四夜，饿了喝口水，困了伏在电脑桌上打个盹儿，白天、黑夜都待在昏暗无光的游戏厅里玩游戏，当家人找到他时，他身体已经极度虚脱，几近死亡。这些例子，让我们感觉网络是无形的杀手。想一想，这样的状态，又怎么有心思投入到学习中去，这样长此以往不能自我约束，一定会影响我们的学业。冷静地思考，我们应不应该这么被网络所诱惑?

相浩浩，一名初中二年级的学生，本来是一个成绩非常优秀的学生，还担任班里的班长，是同学们心中的榜样，老师工作中的好帮手，但是自从迷恋上了网络，他每天都要花四五个小时、甚至更多的时间待在游戏厅里，迷恋网络游戏，在上面打打杀杀，完全失去了现实中自我的存在。在网络游戏中比赛看谁的级别最高，你追我赶，每过一级，他心里就特别高兴，至于为什么，他也说不上来，反正经过自己的努力，突破一级，就特别高兴。迷恋于网络世界的虚拟，经常和不知年龄、不知性别的陌生人聊生活，将自己也装扮得不是现实中的真实自己，聊得没有任何意义，聊得不能自拔。就这样，不到一年的时间，他的学习成绩急速下降，并出现了身体上的病症。他不相信老师，也不相信同学，对于家人的关心更是采取了逃避的态度，心里只想和“网友”私奔。这就是相浩浩和网络的故事。

网络不仅仅影响了相浩浩同学的学习、身体，最主要的是让他逃避现实生活，有了不正确的思想行为倾向。我们读完这个故事，真是为他捏一把汗啊！迷恋网络，不利于健康性格的形成，不利于良好道德品质的形成，很多同学因为在网络上体验到攻击行为的快感，在现实生活中，也想模仿着去做这些事情，走向极端，导致严重的违法行为，甚至走上犯罪的不归之路。2005 年，北京一名少年因为沉迷于网络游戏，向父亲要钱，父亲没有同意，他扬言要杀死父亲，当晚，父亲发现儿子房间的桌子上居然放了一把菜刀，绝望的父亲用地上的哑铃将儿子砸死。2006 年，甘肃省武威市一名中学生，因不满父母对其上网的责骂、管制，无情地将父母双双杀害，而后从父亲身上搜得现金 27 元，继续回网吧上网。这是多么残忍的事情，这样的例子还有很多。我们不禁感叹：网络真是无形的刽子手啊，稍有不慎它就会毁灭了人性，夺走了青春之花。

其实，网络是一把双刃剑，它有危害的一面，更有有益的一面，问题是我们要合理科学地利用网络。我们可以用网络查找与学习相关的资料，帮助我们学习，为我们的学习和生活提供更加便利的条件。

在我们这个年龄段，还要经得起不良社会环境的诱惑。社会是个大染缸，有人们向往并歌颂的真、善、美，也有人们痛心疾首的假、恶、丑，前者对于我们的学习和生活都起着积极的促进作用，后者带给我们的消极影响也是无法估量的。社会中存在着太多的不良风气，比如贪图享乐、贪污受贿、拜金主义、读书无用、阿谀奉承等，我们还是涉世不深的学生，往往很容易受到影响，这个时候，我们不能盲目机械地模仿，要知道我们现在的任务是学好文化知识，将来做一个有用的人。不良文化也影响着我们，比如现在的电视剧、书刊、电影等鱼龙混杂，甚至有的还将色情、血腥暴力等节目搬上荧幕，出版成册，错误引导了我们对人际交往、对感情的看法，这时候，我们就要以“取其精华，去其糟粕”的态度，自觉摒弃这些糟粕，坚持自己远大的理想，珍惜学习生活中的每分每秒，让这些负面信息没有机会侵入到我们的视线，没有机会污染我们充满向往的美好心灵。

总之，面对社会上这么繁多的诱惑，我们唯有学会自我约束，将主要精力用到学习上，才能够将其拒之门外，让我们纯洁的心灵健康成长。

成长训练

诱惑的存在，不等于我们就一定会迷失方向，因为我们能用自己内心强大的力量，去分析这些诱惑，去解读这些诱惑，并且我们能够做到视而不见，能够理智地告诉自己要毅然决然地拒绝这些诱惑，我们能够约束自己的思想，约束自己的行为！说说看，你都遇到过哪些诱惑，你是怎样拒绝这些诱惑而保持自我的。

第八章

用心思考，感悟成长

“我不能”先生的葬礼

现在，在许多地方，时常会发现一些正值青春年华的中学生，举行一种特殊的葬礼，他们为一位叫“我不能”的先生举行一次又一次的葬礼——葬礼上不但不见悲歌哭泣，反而充满了欢乐与祥和。“我不能”先生是谁呢？原来，它只是一位虚拟化的人物，它是我们日常生活中逃避困难的口头禅，几乎每天都会出现在各种场合，如教室里，家里……

在每次这样的葬礼开始前，每一位同学都被要求在纸条上写下“我不能……”,例如“我不能豁达开朗”、“我不能让父母不再操心”……由负责人收集纸条，将其藏在长方形的纸盒里面。

“我不能”先生被抬进“棺材”后，教室里响起哀乐，葬礼正式开始，班里的每一位同学起立默哀，神情肃穆，葬礼主持人用低沉的声音念着悼词：“‘我不能’先生在世的时候，曾经与我们朝夕相处，改变着我们每个人的生活，有时甚至比任何人对我们的影响都要深刻，他成了人们逃避问题的好帮手……”

主持人继续说道：“愿‘我不能’先生安息吧，也希望他的死能鼓励更多的人站起来，祝福我们每个人都能振奋精神，勇往直前！当我们说起‘我不能’时，别忘了他已经死去。我们需要积极地去想解决问题的办法，永远不说你是做不到的。”至于“我不能”先生的“遗体”，葬礼负责人表示，将会择日下葬。

这实在是一场特殊而又意味深长的葬礼。

其实很多“我不能”都是自己给自己画的框框，只要有信心，很多事情经过努力是可以做到的。

有资料显示，“我不能”先生的葬礼来源于美国教育家奇克·牧门的文章《安息吧，“我不能”先生》，文章叙说的是小学四年级的老师唐娜如何带领她的学生为“我不能”先生举办葬礼的。葬礼负责人小甘说：“现在的我们心智已经成熟了许多，也许有人会把‘我不能’先生的葬礼当做玩笑，但我们还是希望，通过这样的表达方式来鼓励大家对自己有信心，进而爱惜自己的生命。”

在我们的实际生活中，在我们的学校里，总会遇到“我不能”先生。有时候，我们也会张口闭口“我不能”。就是这样一句口头禅，把我们挡在了通往成功的起跑线上，连跨过起跑线一步的勇气也没有。其实，我们无论做什么事情，只要去做，就会有无限可能。问题是，我们首先需要战胜自己，战胜自己的怯懦，战胜自己的不自信，战胜自己的不勇敢。

这是通向成功的第一步。

战胜了“我不能”这样的心理，才能谈及怎么去做的问题。否则，纵使我们有再大的理想与抱负，也是妄谈。

成长训练

你经常说“我不能”吗？在这次成长训练中，请列出学习生活中让你多次说“我不能”的事情，进行仔细分析，寻找突破的可能性，然后勇敢地说出“我能”！

方法总比问题多

每当我们遇到困难无法前进而愁眉不展的时候，老师和家长常常对我们说：方法总比问题多。

实际上，老师和家长这样说的时候，他们不一定真的就已经有了解决问题的好办法，但是这种心态是非常重要的。“方法总比问题多”，这是一种自信的表现，也是一种良好的处事态度。

方法与问题，是一对矛盾集合体，问题为方法的探寻提供了一个施展才华的平台，而方法又能最终寻找出问题的答案，看似矛盾，但是谁也不能离开谁，也正是由于它们之间这种相互矛盾又相互依存的关系，才推动着事情的曲折发展和前进，才有了千百年来人类的进步和繁华。没有困难就没有方法，当我们遇到问题的时候，一定要想办法解决，相信方法总比问题多。

“心态决定一切”，当遇到问题时，我们会怎么选择呢？

也许有的同学会因为问题总是给自己带来烦恼而沮丧不已，会因为问题给自己带来的困惑而不敢涉足，会因为没有信心和毅力而放弃解决问题，畏惧不前，但也有的同学会因为问题能给自己带来想象不到的机遇而欣然面对，能在问题面前理智思考，从自己的已有经验和间接经验中找到方法，想办法解决问题。

这是面对问题的时候，两种完全不同的心态，第一种心态总是对问题的出现产生深深的抱怨和无奈的沮丧，由此而产生了一种畏惧感，这份畏惧导致我们裹足不前，这样从问题的本身来说不仅没有解决，反而会在我们的内心深处蒙上一层暗淡的阴影，让你觉得问题永远是一个无法战胜的敌人，因为“困难是弹簧，你强它就弱，你弱它就强”。

让我们选择后者吧，深刻理解问题与方法的关系，不但消除了对问题的畏惧感，反而能抓住这难得的机遇，给自己提供一次自我挑战、自我展现的精彩空间和舞台，激励自己用最积极的方式去寻找解决问题的方法，就这样在解决问题的过程中，锻炼我们的能力，发挥我们的智慧，让我们有一种勇往直前、永不言败的精神。良好的心态，是我们寻找方法、解决问题、走向成功的第一步。因为良好的心态总是释放强大的正能量！

有这样一个关于“三个砌砖工”的故事，同样一份普通而辛苦的工作，但是因为三个人表现出来的截然不同的态度，最终各自有着迥然不同的命运。

第一个砌砖工认为自己是在服苦役，如果能有一份比这好一点的工作，绝对会毫不犹豫地丢弃，很不看好这份苦工，心态很是沮丧和悲观。

第二个砌砖工认为自己是在从事着一项劳动，能够解决自己温饱问题的谋生手段，心态还算平和。

而第三个砌砖工却认为自己是在用智慧和勤劳建造一座座美丽的楼房，心里非常喜欢自己的这份工作，这份工作不仅能给自己带来物质的满足，还有精神的享受。

这三个从事相同工作，但是有着不同心态的砌砖工，在工作中遇到问题时，必然会导致他们在解决问题时的动力强度有多大，所得到的结果也不相同，我们能够想象得到，第一个砌砖工可能很快就换了其他的工作，而第二个砌砖工还是在平淡工作，没有什么特色和成绩，第三个砌砖工，会因为浓厚的兴趣和良好的心态，不断学习关于建筑方面的知识，有可能通过学习取得国家一级建造师资格证，成为房地产老总，创造生命的奇迹。不同的态度，造就了不同的命运。

面对问题，我们拥有一份积极、乐观的态度固然重要，那是解决问题的前提，但最重要的还是找到解决问题的方法。

遇到问题，寻找解决问题方法的途径，与志同道合的朋友合作，不失为一个很好的方法。

英国作家萧伯纳说过："两个人各自拿着一个苹果，相互交换，每人仍然只有一个苹果；两个人各自拥有一个思想，相互交换，每个人就拥有两个思想。"一个人可以凭着自己的能力解决问题，并取得一定的成绩，但如果我们将自己的能力与他人的能力相互结合起来，工作是不是会做得更完美？答案是肯定的。学会合作，能更好地解决问题。

合作是指两个或者两个以上的人为了共同的目标获得共同利益而自愿结合在一起，相互作用和配合，最终实现共同目标、满足个人利益的一种社会交往的活动。遇到问题，大家聚在一起，你一言我一语，你一计我一策，利用自己的知识和经验，相互借鉴别人的意见，并加以融会贯通，取长补短，从而获得进步，针对问题，想出解决问题的好办法，最终来解决问题。

问题出现了，不要给自己留有余地，不要让问题挥之不去地存在于自己的面前而不去解决，而是要将自己逼上解决问题的绝境。

被誉为"把美国带到轮子上的人"的汽车大王福特，一直在设想制造一种V8型的发动机。当他把这个想法跟工程师交流时，工程师们都持否定的态度，并给予这样的答案："这样的设想只能在图纸上，绝不可能在现实中实现。"尽管如此，福特仍然坚持说："想办法制造出来。"工程师们很不情愿地开始了尝试，几个月后，他们给福特的答案仍是否定的，但福特还是坚定地说："继续尝试，不要给自己留有任何不可能的余地。"就这样一年多过去了，还是没有结果，在大家正要放弃的时候，福特仍然坚定地说："必须做出来。"就在这时，有一位工程师突发灵感，竟然找到了解决办法。我们试想，如果没有福特的坚持和坚定，怎么会有V8型发动机的出现？面对问题的时候，一定要勇往直前，永不言弃，不能给自己找任何阻碍解决问题的借口和理由，致使自己驻足不前，而是要发挥我们内在的潜力，解决问题，创造奇迹。

方法总比问题多，只要我们愿意去面对问题，愿意去为解决问题而想方设法，愿意为寻找方法而长途跋涉。

成长训练

我们在学习、生活中，一定遇到过很多问题，不论是大问题，还是小问题，当我们勇敢面对，用心解决之后，一定会有一种愉悦感，这是一种经历，更是一笔财富。在这次成长训练中，请你拿起笔来，将我们感觉最成功解决问题的一次经历写下来吧！写清楚遇到的问题，解决的方法，还有心灵的感悟！

发现问题比解决问题更重要

爱因斯坦曾经说过："提出一个问题往往比解决一个问题更重要。"

美籍中国科学家李政道在中国科技大学接见少年班的学员时也强调指出："最重要的是提出问题，否则将来就做不了第一流的工作。"

提起"问题"这两个字，我们往往会与"失败"、"沮丧"等消极的词语联系在一起。我们都在渴望所有的事情，不论是大事，还是小事，都能够一帆风顺。但是，如果我们反过来想，世间所有的事情只有更好，却没有最好，只有发现了问题，才能让我们在思考中感悟，在感悟中更好地成长，从而使得事情做得更加尽善尽美。尤其是当我们发现有价值的问题时，更能帮助我们快速、便捷地解决问题，让事情变得更加完美，因此，发现问题比解决问题更重要。

遇到事情多问几个"为什么"，这样自然就会找出有意义、有价值的问题。问题是打开知识殿堂的金钥匙，是通向成功之门的铺路石。牛顿与苹果的故事，耳熟能详，我们再一次来重温这个故事，看看能给我们什么新的思索和启发。

一个明亮的夜晚，牛顿坐在花园里静静地观赏月亮，看着苍穹中的星星和月亮，心中不禁出现了一个问题："为什么月亮会绕着地球运转而不会掉落下来呢?"正沉浸于这个问题的时候，忽然，有个东西打在了他的头上，他低头一看，原来是一只熟透的大苹果从树上掉落下来。他捡起苹果，又一次陷入了沉思："为什么苹果不落向两旁，不飞向天空，而是垂直落向地面呢?"这一定是地球有某种引力，把所有的东西都引向地球。牛顿眼睛一亮：苹果是这样，月亮肯定也是这样，月亮一定是在地球引力的吸引下作高速的运转。因为有引力，月亮才不会远离地球；因为有速度，使它不会像苹果一样掉落下来，就这样，他发现了万有引力，这一年，他才24岁。

我们也知道月亮永远不会掉下来，熟透的大苹果会从树上掉到地面上，为什么我们没有发现万有引力呢？原因很简单，我们发现了这个现象，但是没有提出有价值的问题，没有发现问题。只有像牛顿那样，乐于自己去追问、去探寻、去创造，才能在探寻、追问、创造的过程中更好地认识世界，发现规律，更好地创造世界，展现自己生命的价值。

正因为如此，我们应该鼓励自己勤于思考，勤于发现问题，这样才能促进我们寻找解决问题的办法和途径，有利于激发我们生来具有的求知欲、创造欲，让自己更好地成长。

在学习的时候，我们不要过于迷信权威，“尽信书，不如无书”，一定不要迷信教材、教参，要有自己的独到见解，我们可以对教材上不合理的问题大胆质疑，甚至大胆批判，并向大家表明自己的观点及理由。

意大利科学家伽利略在年轻时就敢于挑战权威人物——亚里士多德。亚里士多德是古希腊著名的哲学家、科学家，马克思和恩格斯称他为古希腊哲学家中“最博学的人”，而他在人们的眼里是真理的化身。但是伽利略却对他所谓的真理产生了怀疑。亚里士多德曾经说过：“两个铁球，一个10磅重，一个1磅重，同时从高处落下来，10磅重的一定先着地，速度是1磅重的10倍。”这句话使伽利略产生了疑问。经过反复实验求证后，伽利略走上比萨斜塔，他右手拿着一个10磅重的铁球，左手拿着一个1磅重的铁球，两个铁球从塔上同时下落，同时着地了。原来像亚里士多德这样的大哲学家，说的话也不是全都对的。我们要学会对已成定论的答案，持有怀疑的态度，有自己的思考，有自己的认识，有自己的见解。

有人曾经说过：“成功的生母其实是隐藏在繁华之后的质疑思想，只有不断对现实提出疑问，人类才会不断进步。”这句话对我们的学习也非常重要。在课堂上，我们将老师视为权威人物，已经习惯了老师多年来固有的教学方式，对老师的讲解既迷信又崇拜，往往害怕脱离老师讲课的圈子和范围，害怕错误的出现，而不敢向老师质疑，不敢向教材质疑，只是被动地、无条件地接受知识，哪怕知识出现了错误，也缺乏质疑的态度。我们为什么不敢试着向伽利略学习呢？我们要对老师这个角色有一个正确的认识，老师在课堂上饱满的热情、真诚的微笑，是对我们无限的厚爱和关注，老师多么希望我们能积极主动地提出问题，对老师讲的知识点有不同的意见，和老师一起交流，一起面对正确与错误。因此，我们大可不必太畏惧老师，过于迷信老师，因为老师也有出现错误的时候。我们应该消除自卑心理，敢于质疑问题。

我们在读小学的时候，还是很勇敢的，大家回忆是否有这样的经历，有时老师在黑板上写错一个字，我们能勇敢而毫无顾忌地喊着："老师，你把'姓名'写成'性名'了。"老师很感激地说："谢谢你啊，同学，你真是个细心的孩子，发现了老师的错误，还能帮助老师改正过来！大家要向他学习，细心观察，敢于说出老师错误的地方。"这种质疑的精神，我们要继续保持下去，并且对一些问题要更加深入地思考。

发现问题比解决问题更重要，因为问题是我们成长的阶梯，每当我们发现一个问题，就意味着我们在成长的阶梯上又上了一个台阶。

成长训练

同学们在学习中一定也有这样的情况，当我们发现问题时，比如对老师解题思路的质疑，对自己做题方法的反思，都会有着继续研究的动力，当我们努力想办法解决问题的时候，不仅纠正了原来的错误，对问题的认识也会更加深刻。想一想，你在学习过程中，都发现了哪些问题，给你带来了怎样的收获和启发，写一写吧！

勤于思考，不断提出问题

孔子曾经说过："学而不思则罔，思而不学则殆。"意思是说，如果学习知识的时候，只是一味接受知识，而不加深入思考，就会分辨不出真伪，更不能做到对知识和能力的融会贯通，并能学以致用；如果不认真读书，只是苦思冥想，就会变得孤陋寡闻，不能很系统地掌握知识，更不能做到知识渊博，体现标新立异。

思考是一种非常深刻而周密的思维活动。是人类特有的、区别于其他动物的高级思维活动。思考的过程是对事物进行分析、综合、判断、推理的认识过程和内化过程，因此，思考挖掘的是我们的"脑功"。经过深入思考后，必然就会有很多问题浮出水面，所以，在学习、生活中，只有勤于思考，不断提出问题，才能更加深入地解决问题，获得收获和成长。

"学习知识要善于思考，思考，再思考，我就是靠这个方法成为科学家的。"爱因斯坦曾经说过这样让我们受益匪浅的话语。思考是遇到问题、解决问题、获得成长的前提，因此，勤于思考，非常有意义。

中国"杂交水稻之父"袁隆平，以自己深刻而缜密的思考，不懈的努力和出色的才华，在古老的土地上创造了非凡的奇迹——杂交水稻。"知识+汗水+机遇+灵感=成功"是他一生的缩写，而有一个最重要的因素贯穿在其中，那就是不论在什么时候都离不开深刻的思考。如果没有这份执着的信念，富有价值的思考，他怎么会有今天的贡献和成就？袁隆平曾经讲过他自己的故事。

一直都在农校一边教课一边做育种研究的他，每年都去农田选种。从野外选出表现优异的植株，找回种子播种，看它第二年的表现。有一年，他在一块田里发现一株穗特别大，而且结实饱满、整齐一致的稻子，边看边思考："如果第二年把它种下去，会有什么样的结果呢?"就这样苦思冥想了一年，并将设想会发生的问题作了详细的记录。思考付诸行动了，不料，长出的稻子却是高高矮矮，参差不齐，穗子大小不一。他并没有因为失败而放弃，而是坐在田埂上继续思考："为什么就失败了呢?"思考的答案出来了，原来是因为第一年选出的是一棵天然杂交种，不是纯种，因此第二年遗传性状出现分离。于是他突发灵感："既然水稻有杂交优势，我为什么非要选育纯种呢?"从此以后，袁隆平致力于杂交水稻育种。就这样在一次次思考之后，付诸多次的行动和努力，最终获得了成功。这一切只源于他的深入思考，不断提出问题。

有位哲人说过："这个世界不缺会干活的人，缺的是会思考的人。"可见，学会思考是多么重要。思考是提出问题的前提，是完成事情的基本功。

学会换位思考很重要。三国时，刘备是个野心勃勃的枭雄。在献帝遇害后，他既想登上皇位，但是又顾虑官员或者臣民会说些什么。诸葛亮能够站在刘备的角度去揣摩他的心思，于是马上引百官上表，请刘备即皇帝位，这时候刘备勃然大怒，连连说道："卿等欲陷我为不忠不义之人耶?"实则他的心里是非常渴望能登上皇位，他的心思都装在了诸葛亮的眼里。三日后，诸葛亮带领百官再度提起即位的事情，刘备态度有了变化，稍有缓和地说："我虽是景帝之孙，但我给民众的德泽太少。"刘备的心思，诸葛亮看得很是清楚，于是他又设一计，托病不出，刘备亲自到府中探望。诸葛亮又提继位之事，刘备在私下说了实话："吾非推阻，恐天下人议论耳。"最后半推半就登上了皇帝的宝座。这个故事让我们很受启发，诸葛亮因为站在刘备的角度换位思考问题，看待事实，最终把又想当皇帝，又想博取忠义美名的刘备，体面而得体地推上了皇帝的宝座，这也是刘备梦寐以求的愿望啊!

在现实生活中，我们也要做诸葛亮一样智慧的人，能够站在别人的角度去思考问题，能够换个角度去思考问题，这样很多问题就能迎刃而解，真是“条条大路通罗马”啊！

思考之后一定要付诸行动，否则将会变成毫无意义的空想，也就是思考要与行动相互统一起来。

“业精于勤，荒于嬉；行成于思，毁于随”出自韩愈的《进学解》，告诉我们，学业由于勤奋而精进，由嬉游而荒废；德行由思虑而成就，由因循而败坏。这也辩证地说明了思考与行动的统一性。美国著名发明家爱迪生正是因为善于思考，并能通过努力地实践、研究，将思考的每一个问题，都用精细的方法去证实并最终寻到了答案，例如他发明电灯时，用了 200 本笔记本来收集资料，为了找到合适的灯丝，冥思苦想，先后用过铜丝、白金丝等一千六百多种材料，还用过头发和各种不同的竹丝，最后选中了日本的一种竹丝，经过操作，成为最初的灯丝。我们设想，如果爱迪生只是思考了这个问题，而没有付出行动，能获得这项发明吗？肯定不能。正如他自己所说：“发明是百分之一的灵感加上百分之九十九的血汗。”这灵感是思考后的结果，这血汗是行动付出的辛勤，只有思考和行动的有机统一，才造就了这份发明。

我们要做一个思考者，践行者，而不是闭门造车、冥思苦想的空想者，在思考中行动，在行动后提升思想的高度。这个过程，在我们成长的路途上将会永无止境。

成长训练

在这次成长训练中，请你围绕“老师的批评”这个题目，结合你受到过老师的批评展开思考，写一篇文章，谈一谈假如你是老师，你会怎样批评自己的学生。

让思考成为一种习惯

俗话说“习惯成自然”。这句话很简捷地向我们诠释了习惯的意思，习惯是一种稳定的自动化的行为方式。当我们将思考变成一种习惯的时候，我们会发现遇到事情时的那份“山重水复疑无路”的困惑，因为习惯了思考，而感受到“柳暗花明又一村”的境界。

近代著名教育家陶行知说：“创造始于问题，有了问题才会有思考，有了思考才有解决问题的方法，才有找到独立思考的可能。有问题虽然不一定有创造，但没有问题一定没有创造。”可见思考是多么重要，让思考成为一种习惯，是我们学习、生活中一种必不可少的能力。

想想我们在学习中的表现，就会发现对于问题的思考缺乏主动性，我们形成了等待老师提出问题的不良习惯，并且在回答问题时，没有自己的思路，一直在遵循老师的意图，按照老师的思路去思考问题，解决问题，这是一种被动式的思考，没有在思考的过程中表现出自己独特的思想和个性。

这样的思考也是一种习惯，但是这种思考的习惯，对问题的看法不可能技高一筹，不可能站在更高的角度去审视问题，去创新性地解决问题，这种思考的习惯是消极的，也是不被提倡的。

我们提到的要将思考养成一种习惯，这种思考是自发的、独特的，是不受任何权威影响的，有着强大的内在动力。能有自己的灵魂，有自己真知灼见的见解，这是一种积极的思考习惯，也是我们需要大力提倡的。

让思考成为一种习惯，提出有意义的问题，学会生疑。我们这个年龄正处在长身体、增知识的时期，充满了无限的精力，对什么事情都充满了幻想，有着强烈的好奇心和求知欲，不管遇到什么问题总是喜欢提问，生出很多疑问，也正是这样一个一个的疑问，督促我们在解决问题的过程中，学到新的知识，提高了能力，提升了自己。

提出问题是要有科学性的，一旦挖掘出问题，我们便会“打破沙锅问到底”，对问题与事物的认识不仅要只知其“然”，总喜欢问个为什么，并追根求源，知其“所以然”。在我们提出问题时要进行分辨和鉴别，因为只有通过比较才能区别问题间的联系或差异，通过筛选，才能更好地找出有价值的问题。

李大钊从小读书勤学好问、喜欢提问题，许多故事流传至今，影响着一代又一代人。爱思考，爱发问，是他幼年读书学习的特点。对日常碰到的问题，他从不轻易放过，总是喜欢打破砂锅问到底。有一次读书，问他表姑：“表姑，你看这念什么？”

“我不认得字啊。”

“你为啥不认得字呢？”

“我没上过学呵。”

“你为啥不上学呢？”

“我是个女的，又不考秀才！”

但他还是一个劲地问下去：

“女的，为啥就不念书呢？”

就这样，小小的孩子，开始接触到一个大大的社会现实问题，问得表姑不知所措。是啊，为什么在那个年代女性就不能读书呢？这是一个非常有价值的问题，在李大钊成长的过程中，一定不止一次思考过这个问题，并用自己的思想影响着这个时代，当然这是个历史问题，我们没有必要在这里去深入探讨。因为喜欢生疑，喜欢提出问题，所以才会出现有价值的问题。疑问是收获的前提。

学会独立思考，才能实现创新和升华。

一次，爱因斯坦想要把墙上的一幅旧画换下来，就搬来了一架梯子，一步一步地爬上去。忽然，他想起了一个问题，只知道沉思了，忘记自己还在高高的梯子上，结果，他从梯子上摔了下来。他摔到地上，突然冒出一个问题："人类为什么会笔直地掉下来呢？看来物体总是沿着阻力最小的线路运动的。"爱因斯坦想到这里，马上站起来，一瘸一拐走到桌边，把他的这个想法记下来，这对他正在研究的问题——相对论，有很大的帮助。只有独立思考，才能实现理性的判断，才能有所创新，有所升华。中国有句古语"三思而后行"，意思就是让人们理性地判断，独立地思考，因为只有理性与独立才能透彻地理解问题，解决问题。

所有的思考都要以扎实广阔的知识为基础，广阔的知识是我们思考问题的源泉，广阔的知识是形成创造力的必要条件，离开了知识这片沃土，我们就不能通过思考，顺利地开展创造性的活动。多掌握一些知识，就可能多一条思路，从而能更加圆满地解决问题。在丰富的知识中间能产生更加合理的想象，形成解决问题的新思路、新方法。要让思考成为一种习惯，需要有坚强的毅力、坚定的信念，要充满自信、努力勤奋，敢于勇往直前，只有这样，才能给我们的思考创造良好的心理状态，将创造力与协调能力配合起来发挥作用。

让思考成为一种习惯，要拒绝从众，坚持自我。爱因斯坦在回答坚持自我这个问题的时候，幽默地解释道："如果让一位普通人在一堆干草垛里寻找一根针，此人在找到一根针后就会鸣金收兵，而我自己则会把整个草垛掀开，把可能散落在草里的针一根不剩地全找出来。"这是一种拒绝从众，从多方面寻找解决问题的方案，最终用思考的最佳方案，坚持自己的主见和观点，不受别人的约束和影响，走出属于自己的创新之路。

让思考成为一种习惯，要用科学的方法、积极的态度去解决问题。面对问题，一定不要沮丧，将问题化作我们成长的动力，将问题看成是我们成长、进步的契机，用积极乐观的态度去分析问题，梳理问题，最终解决问题。

让思考成为一种习惯，因人而异，因事而异，总之，这是我们学习、生活中不能丢掉的法宝。

成长训练

我们在成长的路上，会遇到很多很多问题，当然也会解决很多很多问题。这个过程，就叫做成长。在这次成长训练中，请你回顾一下，从小到现在，你自己发现了哪些重要的问题，并做过哪些思考，总结出来，经常回头看一看，你会有新的收获，也会有新的发现。

人生没有“不可能”

人生没有“不可能”，这是一句激励人奋进的话语。反过来想，意思是说人生一切皆有可能。

细细品味这句话，我们感觉到无穷的力量，在推动我们乘风破浪，按照既定的目标，用积极乐观的心态去努力拼搏，克服所有的困难，解决遇到的问题。

有这样一个民间故事，传说有一头驴子掉进了一口很深的老枯井，它发出可怜的哀叫声，期待主人快点把自己救出去。于是，驴子的主人召集了数位邻居出谋划策，但是，还是想不出好的办法搭救驴子。

尽管大家心里都非常悲伤，但是，因为没有更好的办法，最后大家认定：“反正驴子已经老了，干脆别让它有什么美好的幻想了，用土把这口井埋上吧，况且这口枯井早晚也是要填上的。”于是人们拿起铲子，扛起锄头，有的铲土，有的填井。

当第一铲土落到枯井里时，驴子叫得更加恐怖了，它显然明白了主人想要给自己的结局，但是奇怪的是，当又一铲土落到枯井中时，驴子出乎意料地安静了。呈现在眼前的一幕令人震惊，人们发现，此后每一铲土落到它背上的时候，驴子没有哀叫求助，而是冷静地、努力抖落背上的土，踩在脚下，把自己垫高一点。人们不断把土往枯井里填，驴子也就不停地抖落身上的土，使自己再升高一点。

就这样，驴子慢慢地升到枯井口，在人们惊奇的目光中，潇洒地走出了枯井。面对生命遭到威胁的重大挫折，这头驴是理智的，也是聪明的，因为它有着一份乐观、积极面对困境的心态。因此，我们可以这样理解，面对困境时的心态是决定我们成功或失败的关键。

驴子在困难面前，刚开始很着急，失去了方向，但是很快就用乐观的心态来分析问题，并发挥自己的聪明才智，将本来人们用来埋葬生命的黄土，用自己想到的方法变成了拯救生命的黄土。同样一件事情，同样的处境，正是不同的心态，才有了真正明智的做法。

当我们遇到困境的时候，不要恐慌，不要焦虑，不要痛苦，而是要找到拯救自己、解决问题的方法。乐观的心态，有助于帮助我们摆脱困境，走向光明；反之，悲观的态度，会使得事情的结果更加糟糕。调整好心态，就要确定好目标，目标不能过高，也不能过低。如果目标定得过高，就会超过能力所及，这样就会在实现目标的奋斗过程中，感受到无情的挫折带给我们的痛苦，影响我们勇往直前；如果目标定得过低，就很难起到激励的推动作用，更不能满足我们的要求和期望，所以要在努力克服困难的过程中，合理调整过高或者过低的目标，这样更有利于我们实现目标，让我们拥有切实可行的解决问题的方法。

确定好目标以后，要选择实现目标的正确方法，全力以赴。比如要想实现学习中预期的目标，那么，在平时的学习中，我们就应该选择适合自己的学习方法。一般包括：制订切实可行的学习计划，明确学习目标，用科学的方法进行预习，在课堂上学会听课，做好笔记，课后认真完成作业，进行总结巩固等。我们在做其他事情的时候也是一样，要选择正确的方法，才能在问题与答案之间架起一座成功的桥梁。

乐观积极的态度，会让我们创造出奇迹，会让我们化腐朽为神奇。只有拥有乐观的态度，我们才会永不言弃，积极地向目标奋进。

坚持到底，永不言弃，这是面对问题的时候，内心坚定不移的信念。如果我们想要从名人身上感受到这份坚持、这份坚毅，最有说服力的就是亚伯拉罕·林肯。林肯在竞选美国总统的漫长过程中，经历了无数次挫败，八次竞选竟然八次落败，两次经商也是惨重失败，曾因此而精神崩溃过一次。好多次，他本想选择放弃，但他并没有如此，经过激烈的思想斗争和痛苦的抉择，他最终选择了勇敢面对每次落选，他总是告诉自己：“亲爱的，这不过是滑了一跤，并不是死去而爬不起来。”也正是因为这份坚持，他最终成为美国历史上最伟大的总统之一。

我们虽然只是一名普通的学生，但是我们应该学习并拥有林肯这种“坚持到底，永不言弃”的精神。不能因为一次失败，而沮丧、灰心丧气，不敢再次去勇敢地面对，要学会自我鼓励，坚持到底。

勤奋是我们实现一切目标的保证。和大家一起分享关于科学家霍金的故事：霍金小时候的学习能力似乎并不是很强，他很晚才学会阅读文章，上学后的成绩从来没有进过班级前20名，作业总是写得潦潦草草，“很不整洁”，在老师的眼里，他已经“无可救药”了，也成了同学们眼中嘲弄的对象。老师和同学们都不看好他，还有的同学预言道：“他永远不可能成才。”谁都没有料到，20多年后，当年毫不出众的小男孩成了物理界一位大师级人物。这究竟是什么原因呢？原来，随着年龄渐长，小霍金对万事万物如何运行开始感兴趣起来，他经常把自己感兴趣的物品拆散、组装，反复操作、思考，在十三四岁时，霍金发现自己对物理学方面的研究非常有兴趣，于是就非常勤奋地投入到学习、研究中去，夜以继日勤奋努力，终于成就为一代大师。

想想看，小时候的霍金没有聪明过人的智力，表现出的都是一些不尽如人意的地方，成绩不理想、不是很聪明等缺点，但是，他拥有勤奋、不放弃的法宝。读了这个故事，是不是你也深受启发呢？在我们的现实生活、学习中，这样的例子可谓屡见不鲜。有的同学虽然领悟能力差，但是他们能通过勤奋学习，加倍努力，勤能补拙；有的同学虽然家庭条件不是很好，但是他们却能坚持勤奋好学，最终取得优异的成绩。

有乐观的态度，有永不言弃的精神，加之我们的勤奋，一切就皆有可能。

成长训练

在这次成长训练中，请你去帮助一位同学。这位同学遇到了困难，无论是生活上，还是学习上，总之，他在困难面前害怕了，妥协了，放弃了。作为好朋友，你现在的任务是去鼓励他，帮助他重新树立起信心。那么，你会怎么跟他说呢？请在下面简单列出你的思路。

没有比脚更长的路，没有比人更高的山

古老的阿拉比国坐落在荒凉的沙漠深处，国王对四个王子说："我打算将国都迁往美丽而富饶的卡伦。但是，卡伦距这里很远很远，要翻越崇山峻岭，穿过草地、沼泽，还要渡过很多汹涌湍急的江河，但究竟有多远没有人知道。"

于是，国王决定让四个儿子分头前去探路。

大儿子乘车走了七天，翻过了三座大山，来到一望无际的大草原。他问了一位放牧的老人，得知要想到达卡伦，要过了草地、沼泽、大河、雪山，还远着呢，听罢，便调转马车回去了。二儿子策马穿过一片沼泽后，被那条宽阔的大河挡了回来。三王子漂过了大河却又被一片辽阔的大漠挡了回来。一个月后，三个王子陆续回到了国王面前，告诉国王，路很远很远。又过了五天，小王子风尘仆仆地回来了，兴奋地告诉父亲去卡伦只要十八天的路程。

国王满意地笑了："孩子，你说得对，其实我早就去过卡伦。"

几个王子不解地望着国王，"那为什么还要派我们去探路呢？"

国王一脸郑重地说道："那是因为我想告诉你们——脚比路长，人比天高啊！"

在去卡伦的过程中，四个王子的目标是一致的，那就是到达卡伦，知道

卡伦的路途有多远，在这个过程中，只有小王子，坚定不移朝既定的目标努力奋进，我们可以想象他在这十八天的行程中，要克服多少困难，历经多少艰难险阻啊！

“没有比脚更长的路，没有比人更高的山。”

这是一句多么形象，多么激励人心的话啊。它给我们很多思考，给我们许多力量。是啊，只要我们有坚定的信念，再远的路，也不远，再高的山，也不高。在这里的“路”和“山”，我们可以理解成是目标，也可以理解成是困难，所有的目标和困难，比起我们的信念、勇气，又有什么不能实现、不能克服的呢？

当我们有一个非常重要、非常明确的目标时，心中一定会燃烧着坚定的信念，这份信念，能给我们无尽的力量，鼓励我们一如既往地走下去，当路就在脚下的时候，当我们能够知难而进的时候，我们会感慨：原来路并不遥远，山并不算高。因为我们有信心，有勇气，有毅力，有恒心，反而让我们觉得，路就在前方，不知不觉之间，我们已经攀越山顶。

有位革命烈士曾经说过：“种子不落在肥土而落在瓦砾中，有生命力的种子绝不会悲观和叹气，因为有了阻力才有磨炼。”是啊，人生路上，并非事事顺心，总会充满泥泞和坎坷，只有像生长在瓦砾中的种子一样，有着坚强的毅力，才能经历彩虹，获得最终的成功和胜利。毅力是我们为了实现既定的目标，采取积极的行动，并在行动中自觉克服遇到的困难和阻力的一种意志力。

坚强的毅力来自心中远大的理想，坚强的毅力来自长久的坚持。古希腊著名演说家德摩斯梯尼，从小就梦想能成为一个演说家，但是，偏偏老天没有赋予他良好的先天条件，他小时候患有严重的口吃，吐字不清，不能清楚地表达。他害怕、退缩了吗？没有。为了克服这个生理缺陷，德摩斯梯尼常把小石子含在嘴里朗读，迎着大风和波涛讲话；为了去掉气短的毛病，他一边在陡峭的山路上攀登，一边不停地吟诗；他在家里装了一面大镜子，每天起早贪黑对着镜子练习演说；为了改掉说话耸肩的坏习惯，他在头顶上悬挂一柄剑，或悬挂一把铁杖……尽管当众演说遭到过无数次失败，但他从不灰心。

经过顽强的努力，德摩斯梯尼终于成为著名的大演说家。

可见，所有的困难和挫折在坚强的毅力面前永远是手下败将，只要心中有理想，只要能坚持不懈地努力，就一定能梦想成真。正如张海迪说的："即使跌倒一百次，也要一百零一次地站起来。"这就是坚强的毅力。

我们在学习、生活中，怎样做到坚毅地面对问题，克服困难呢？

在日常生活中，我们要坚持认真做好自己的事情，比如每天早上起床都要自己将被子叠好，将房间整理好，再去洗脸刷牙、吃饭、上学；每天我们都要坚持晨练半个小时到一个小时，这样有利于我们身体更加健康地成长，有利于我们的精力更加充沛；在做任何事情的时候，不要出现了困难就退缩，要坚持把事情做到尽善尽美，绝不半途而废。我们可以通过户外活动来增强我们的毅力，当我们出去爬山的时候，一定会出现疲劳、想放弃的现象，这个时候我们要及时自我激励，可以用合适的名言警句来激励自己，努力前行，告诉自己坚持就是胜利，一定要到达目的地，做一个胜利者。在学习中，当我们遇到困难，或者是上课不能集中精力听讲的时候，要告诉自己只有坚持才能不虚度时光。

"少壮不努力，老大徒伤悲。"在坚持的过程中，我们总是要付出辛勤的努力。只有努力，我们的人生才不至于碌碌无为。努力是通往成功的纽带和桥梁，如果我们在学习生活中缺乏努力的优秀品质，就很难实现心中的理想。要想更好地努力，就要树立科学正确的奋斗目标，在实现目标的过程中要充满责任感，不能随便破坏计划，做一些扰乱达成目标的事情。不论遇到任何困难，都要保持着良好的情绪。选择最佳的学习方法，从而为达成目标提供更为科学的手段。

"只要思想不滑坡，方法总比困难多！"坚定的毅力、必胜的信念、努力的奋斗，是我们走千里路、登万丈山的法宝，再长的路我们也能征服，再高的山，我们也能攀越！

成长训练

在这次的成长训练中，请你搜集一些激人奋进，给人力量的谚语、语句，写在下面的空格里，让它们时刻激励着我们勇敢前行。